Petra Wochnik

111 Dinge über das Wattenmeer, die man wissen muss

Mit Fotografien von Andreas Klesse

emons:

Ebenso heben und senken sich die Meere,
wenn die Welt ein- und ausatmet.
Leonardo da Vinci

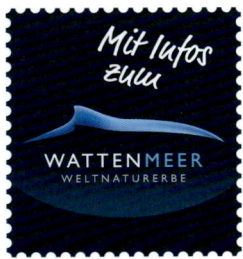

Bibliografische Information der Deutschen Nationalbibliothek
Die Deutsche Nationalbibliothek verzeichnet diese Publikation
in der Deutschen Nationalbibliografie; detaillierte bibliografische
Daten sind im Internet über http://dnb.d-nb.de abrufbar.

FSC www.fsc.org
MIX
Papier aus verantwor-
tungsvollen Quellen
FSC® C043106

© Emons Verlag GmbH
Alle Rechte vorbehalten
© der Fotografien: Andreas Klesse, außer:
Kapitel 14, 22, 76: Petra Wochnik; Kapitel 29: Hermann Lietz-Schule Spiekeroog;
Kapitel 36: Michael Kleyer; Kapitel 41: Onno K. Gent;
Kapitel 45: Carl von Ossietzky Universität Oldenburg
© Covermotiv: istockphoto.com/Tonygeo
Layout: Eva Kraskes, nach einem Konzept
von Lübbeke | Naumann | Thoben
Kartografie: altancicek.design, www.altancicek.de
Kartenbasisinformationen aus Openstreetmap,
© OpenStreetMap-Mitwirkende, ODbL
Druck und Bindung: Grafisches Centrum Cuno, Calbe
Printed in Germany 2021
ISBN 978-3-7408-1081-8
Originalausgabe

Unser Newsletter informiert Sie
regelmäßig über Neues von emons:
Kostenlos bestellen unter
www.emons-verlag.de

Vorwort

Das Wattenmeer, das ist die Lunge der Welt. Hier »atmet sie ein und aus« im ewigen Rhythmus von Ebbe und Flut. So erklärten sich unsere Vorfahren – vom antiken Geschichtsschreiber bis zu Leonardo da Vinci – das Geschehen in dieser von den Gezeiten geprägten Naturlandschaft. Tatsächlich haben wir es aber dem Kosmos, dem Mond und seiner großen Anziehungskraft, zu verdanken, dass dieses grandiose Schauspiel zweimal am Tag direkt vor unserer Haustür, an der Nordsee, aufgeführt wird.

Sie werden auf den folgenden Seiten viel erfahren über die geologischen und biologischen Grundlagen dieses einzigartigen Ökosystems, über die reiche Tierwelt im Wasser und in der Luft, über seine hoch spezialisierten Pflanzen. Sie werden Menschen kennenlernen, die am Wattenmeer leben und arbeiten. Sie werden von Organisationen lesen, die es sich zur Aufgabe gemacht haben, diesen besonderen Lebensraum zu schützen. Sie werden informiert über ganz praktische Dinge, um eigene Ausflüge ins Watt zu unternehmen. Ihnen werden einmalige Touren vorgestellt, entlang der Küste, zu den Inseln und zu bemerkenswerten Orten im Niedersächsischen, Hamburgischen und Schleswig-Holsteinischen Wattenmeer, die zusammen mit den Teilen in den Niederlanden und Dänemark das UNESCO-Weltnaturerbe Wattenmeer bilden. Von Skurrilem, Gefährlichem und spannenden Ereignissen im Watt wird Ihnen berichtet, auch von Zukunftsprojekten und Forschung.

Nach der Lektüre dieses Buches werden Sie viele Dinge über das Wattenmeer wissen. Doch Worte allein reichen nicht, um es zu begreifen. Man muss es selbst erleben: eintauchen in diese Wunderwelt, weit hinauslaufen durch Schlick und Sand. Wer über den silbernen Spiegel eines vollkommen freigelegten Wattbodens bis zum Horizont mit seinem endlosen Himmel blickt, der bekommt eine Ahnung und wird als Mensch ganz klein inmitten eines Reiches, in dem nur noch die Natur das Sagen hat – und wir im besten Fall ein Teil von ihr werden.

111 Dinge

1 Der Anfang und das Ende

Die Wildnis vor unserer Haustür: das Wattenmeer

Vor der Küste der Niederlande, Deutschlands und Dänemarks erstreckt sich ein Naturwunder: das größte Wattenmeer der Welt, ein einzigartiges und sich stetig veränderndes Ökosystem von 14.700 Quadratmetern zusammenhängendem Schlick- und Sandwatt. Es spannt sich über 500 Kilometer von der Halbinsel Den Helder vor Texel über die gesamte deutsche Nordseeküste bis zur Landspitze beim dänischen Nordseebad Blåvand.

Drei Regionen lassen sich entlang der Strecke unterscheiden: das südliche Wattenmeer mit seiner langen Kette an Düneninseln in fünf bis 15 Kilometern Entfernung vor der Küste, das fast inselfreie Mündungsdelta von Weser, Elbe und Eider mit starker Strömung und Tidenhub sowie das nördliche Wattenmeer mit seinem Archipel an Inseln und Halligen, die bis zu 25 Kilometer vom Festland entfernt sind. Deutschland besitzt Wattenbereiche in allen drei Regionen sowie – föderalistisch, wie es ist – gleich drei Wattenmeere: das Niedersächsische, das Hamburgische und das Schleswig-Holsteinische.

Auch hydrologisch lassen sich drei Zonen feststellen: der Bereich des eigentlichen Watts, der abwechselnd trockenfällt oder überflutet ist, der ständig unter Wasser stehende Bereich der Seegatts zwischen den Inseln und schließlich der Übergangsbereich zum Festland, der vorwiegend trocken ist, aber bei Flut gelegentlich unter Wasser steht. Das ist der prinzipielle Aufbau eines Tidebeckens. Aus 39 aneinanderliegenden Tidebecken besteht das Wattenmeer.

Für über 10.000 Tiere und Pflanzen sind die Biotope und Lebensräume des Wattenmeeres ein Zuhause. Es ist Rastplatz für zehn bis zwölf Millionen Zugvögel, unverzichtbar für den Fortbestand ihrer Arten. In der unendlichen Weite dieser faszinierenden Landschaft, wo Meeresgrund und Horizont miteinander verschmelzen, ist er im Wattenmeer vielerorts zu spüren: der friedliche Einklang der Natur. Es ist wie am Anfang der Welt, ein Paradies.

Hintergrund Das Wattenmeer ist eine von drei UNESCO-Weltnaturerbestätten in Deutschland. 11.000 Quadratkilometer der Gesamtfläche sind Nationalparks und Natur-schutzgebiete. | **Tipp** Auf der Webseite www.waddensea-worldheritage.org findet sich in vier Sprachen, auch auf Deutsch, alles zum Thema Welterbe Wattenmeer.

2 Der anziehende Mond

Kosmisch: Unser Erdtrabant sorgt für Ebbe und Flut

Nirgendwo kann man den Kräften des Kosmos so nahe kommen wie am Wattenmeer mit seinem ewigen Wechsel der Gezeiten. Verantwortlich für das einzigartige Naturspektakel ist unser Erdtrabant: der Mond. Denn dessen Anziehungskräfte, die auf den Erdmittelpunkt und seine Ränder unterschiedlich stark einwirken, sind der Grund dafür, dass sich auf der Erde Flutberge bilden – immer zwei gleichzeitig.

Der eine Flutberg ist auf der mondzugewandten Seite der Erde zu finden. Dort ist die Anziehungskraft des Mondes an der Erdoberfläche größer als im Mittelpunkt der Erde, sodass sich ein Flutberg bildet. Der andere Flutberg befindet sich auf der mondabgewandten Seite der Erde. Das Wasser dort ist am weitesten entfernt vom Mond und wird nicht so stark angezogen wie die Erde unter ihm – es baut sich ein zweiter, etwas kleinerer Flutberg auf. In den Bereichen zwischen den beiden Flutbergen ist Niedrigwasser. Dort saugt die Flut das Wasser weg, es entsteht die Ebbe. Die Fliehkraft der Erde spielt – wie oft fälschlich dargestellt – keine entscheidende Rolle.

Sehr wichtig für den Wechsel der Gezeiten ist auch die Drehung der Erde um ihre eigene Achse. Die zwei Flutberge wandern dadurch über die Erde, oder besser: Wir drehen uns unter ihnen durch. Doch auch der Mond ist in Bewegung und zieht täglich ein Stück weiter um die Erde. So kommt es, dass der Abstand zwischen der genauen Wiederkehr desselben Flutberges 24 Stunden plus 50 Minuten beträgt. Da zwei Flutberge über den Erdball laufen, haben wir zwischen den Höchstständen des Wassers einen Zeitabstand von genau zwölf Stunden und 25 Minuten.

Wenn Sonne, Mond und Erde in einer Linie stehen – bei Neu- oder Vollmond –, verstärkt sich die Wirkung der Gezeiten. Es entstehen Springtiden mit besonders hoher Flut und besonders extremer Ebbe. Bei Halbmond tritt der gegenteilige Effekt ein: eine Nipptide.

Hintergrund Wenn bei uns Hochwasser ist, ist der zweite Flutberg genau auf der entgegengesetzten Seite der Erdkugel: südöstlich von Neuseeland im Pazifik. | **Tipp** Am stärksten spürbar sind die kosmischen Kräfte bei einer Wattwanderung zu einer Insel. Die zertifizierten Guides der Nationalparks bieten Touren für jede Kondition und jedes Alter an.

3_ Das Atlantis in der Nordsee

Buise, Bant und Burchana: sagenhafte Eilande

Ostfriesland hat viele untergegangene Inseln. Eine ist die Insel Buise, die sich einst östlich von Juist befand und im 14. Jahrhundert durch Sturmfluten zerbrach. Aus dem östlichen Teil von Buise, dem Osterende, wurde später die Insel Norderney, die eine relativ junge Schöpfung der Natur darstellt. Norderney bedeutet »Nordens neue Insel«. Eine andere ist die Insel Bant, die südlich vom heutigen Juist lag, relativ nah an der Küste. Die Marscheninsel Bant war bis Ende des 16. Jahrhunderts bewohnt. Doch durch den Abbau von Seetorf zur Salzgewinnung erodierte die Insel zunehmend. Heute ist von ihr nur noch eine Sandbank im Meer übrig.

Ein Rätsel gibt immer noch eine Insel mit dem klingenden Namen Burchana auf. Dieser ist von den Römern überliefert, denen insgesamt 23 friesische Inseln bekannt waren. Burchana war die berühmteste unter ihnen. Sie wurde um Christi Geburt als Erstes vom griechischen Historiker Strabon entdeckt, der ihr auf seiner Erkundungstour durch das damals noch unbekannte Nordeuropa den Namen Byrchanis gab. Plinius der Ältere latinisierte den Namen dann später zu Burchana. Wegen der vielen Bohnen, die dort von selbst wuchsen, nannten sie das Eiland im Norden auch Fabaria – von *faba*, dem lateinischen Wort für Bohne. Über die Lage der historischen Bohneninsel herrscht bis heute Unklarheit.

1993 feierte die Stadt Borkum ihr 2.000-jähriges Bestehen und berief sich beim Jubiläum auf Burchana und die antiken Geschichtsschreiber. Auch in der deutschsprachigen Griechenland-Zeitung war im Dezember 2017 ein Artikel zu lesen, der fragte: »Borkum – eine griechische Insel?«, und sich auf das antike Byrchanis des Strabon bezog. Ob Borkum die Bohneninsel der Antike und damit die älteste namentlich erwähnte aller Ostfriesischen Inseln ist, ist jedoch heftig umstritten, da diese sich zu Zeiten der Römer gerade erst bildeten.

Hintergrund Durch eine Kreuzfahrerflotte, die sich vor der Insel versammelte, ist ab dem Jahr 1227 der Name »Borkna« für Borkum eindeutig bestätigt. Er kommt vom isländischen burkni und bedeutet »Brombeerdickicht«. | **Tipp** Mehr über die Geschichte Borkums findet sich im Heimatmuseum östlich des Alten Leuchtturms (Tel. 04922/4860).

4 Auf dem Meeresgrund

Das Watt: der amphibische Teil des Wattenmeeres

Wo kann man das schon auf der Welt? Dem Meer auf den Grund gehen? Das ist nur im Wattenmeer möglich. Dort, wo das Watt ist. Der Bereich, in dem wie von Zauberhand das Wasser zweimal am Tag verschwindet und wiederkommt. Ein Zwischenreich, geprägt von gewaltigen kosmischen Kräften, vom ewigen Wechsel zwischen Ebbe und Flut. Eine *eulitorale Zone* ist das Watt für die Wissenschaft: Sie bezeichnet mit diesem Begriff eine Landschaft, die abwechselnd unter Wasser steht und trockenfällt.

Das Watt besteht aus Ablagerungen, die Flussläufe und Meeresströmungen seit Jahrhunderten anspülen. Mehrere große flache Flussmündungen wie die von Ems, Jade, Weser und Elbe bringen Sedimente aus dem Binnenland an die Nordsee, die sich dank langsamer Strömungsgeschwindigkeit an der flach abfallenden Küste absetzen können. Hinzu kommen die Gezeiten im Bereich der Nordsee-Watten mit einem durchschnittlichen Tidenhub von zwei bis drei Metern. Dadurch kann die Flut Sedimente aus dem tieferen Meerwasser mitreißen, die die Ebbe aufgrund der geringeren Geschwindigkeit nicht wieder aus dem niedrigen Wasser hinaustragen kann.

Unterschieden werden offene Watten, Rückseitenwatten wie an der Festlandseite der Inseln und Halligen sowie die Buchten- und Ästuarwatten der Flussmündungen. Der Sandanteil im Watt stammt überwiegend aus dem Meer, Schlick und Ton aus den Flüssen und dem Abrieb des Festlandsockels. Dazu kommen noch tierische Sedimente wie Schalen von Kieselalgen oder Muscheln und Schnecken sowie abgestorbene Pflanzenteile.

Zehn bis 20 Meter hoch ist der mächtige Sedimentkörper aus Schlick- und Sandwatt, der sich nach der Eiszeit im Süden der Nordsee abgelagert hat. Im Mittel ist der Wattstreifen zwischen sieben und zehn Kilometer breit. Vereinzelt erreicht er sogar eine Breite von etwa 20 Kilometern. Es ist die größte zusammenhängende Wattenlandschaft der Welt.

Hintergrund Nur in Flachmeeren und einer Küste mit ständiger Absenkung wie an der Nordsee kann solch eine faszinierende Wattenlandschaft entstehen. | **Tipp** Über die geologische Geschichte der Nordsee erfährt man viel im Niedersächsischen Deichmuseum in Dorum (www.deichmuseum-landwursten.de).

5 Der Ausflug ins Watt

Wattwandern ist ein Muss, am besten mit Führung

Das Wattenmeer kann man nur hautnah erleben, wenn man selbst hineingeht. Wenn man das Salz der Nordsee riecht, das berühmte Wattknistern hört und vom frischen Grün eines Quellers kostet. Erst wenn man durch das Watt rutscht, dass der Schlick nur so spritzt, wenn man die harten Riffel des Sandwatts unter den Füßen fühlt, dann wird dieser einmalige Naturraum auch sinnlich sehr erfahrbar. Es gibt nichts Unwirklicheres, nichts Magischeres als ein Watt bei Niedrigwasser: Unter Silberglanz begraben, erstreckt es sich bis zum Horizont, nichts als man selbst und der Himmel auf dieser Welt. Man ist auf einem anderen Planeten.

Für dieses einmalige Gefühl, mitten in einer Wildnis zu stehen, muss man schon ein wenig weiter ins Watt hinauslaufen. Am besten gelingt das bei einer Wanderung zu den Inseln und Halligen der Nordsee. Die sollte man aber tunlichst nicht allein unternehmen, sondern immer unter der kompetenten Leitung eines staatlich geprüften Wattführers oder Nationalpark-Guides. So kommt man nicht nur sicher an, sondern lernt ganz nebenbei die vielen tierischen Bewohner kennen, die sich gern unterirdisch verstecken.

Buchen und suchen muss man die Touren selbstständig vor Ort oder im Internet. Mittlerweile sind so gut wie alle Wattführer dort vertreten, Googeln führt hier eigentlich immer zum Erfolg. Es gibt allerdings nur wenige, die Wattwanderreisen oder gar das Wattenmeer als Destination und Komplettpaket für Touristen anbieten. Zu nennen wäre hier etwa der Veranstalter waddensea.travel. In Niedersachsen können viele Touren ins Watt bereits über die Onlinebuchungsplattform des Wattwanderzentrums Ostfriesland (siehe Kapitel 106) bestellt werden, inklusive Tickets für die Fähren.

Man kann natürlich auch ohne Führung ins Watt gehen. Dann sollte man sich aber nicht zu weit ins Watt hinauswagen und bei auflaufendem Wasser frühzeitig den Rückweg antreten. Denn die Flut ist oft schneller, als man denkt.

Hintergrund Die ersten Spuren im Watt sind gezogen: der Start einer geführten Watt-wanderung. | **Tipp** Namen und Adressen zertifizierter Wattführer finden sich auf den Webseiten der Nationalparks (www.nationalpark-wattenmeer.de und www.nationalpark-partner-sh.de).

6__ Der ausgezeichnete Boden

Die Körnung macht den Unterschied im Watt

Wer schon mal eine Wattwanderung gemacht hat, der weiß: Watt ist nicht gleich Watt. Denn wie leicht oder anstrengend der Fußmarsch über den Meeresgrund wird, hängt sehr von der Art des Wattbodens ab, über den man läuft. Während man auf dem einen bequem wie auf einem Tennisplatz marschiert, sinkt man in dem anderen unweigerlich tief ein, wenn es ganz schlimm und schlickig wird, sogar bis über die Knie. Das kann auf Dauer ganz schön anstrengend werden. Hier kann eine kleine Einführung in die unterschiedlichen Typen des Watts helfen, dem »Boden des Jahres 2020«: 76 Prozent des hiesigen Wattenmeeres nimmt das Sandwatt ein – für Wattwanderer eine gute Botschaft, auf keinem anderen Wattboden lässt es sich einfacher laufen. Beim Sandwatt handelt es sich um grobkörnigen Sand mit einer Korngröße von mehr als 0,1 Millimetern im Durchmesser. Der Wassergehalt ist mit 25 Prozent relativ gering, und es enthält nur ein Prozent organische Substanz. Typisch für das Sandwatt sind seine Rippen, die wie ein Wellenrelief über den Boden laufen. Das sieht nicht nur hübsch aus, sondern massiert auch die nackten Füße.

18 Prozent des Bodens bestehen aus Mischwatt, das hierzulande insbesondere im niedersächsischen Wattenmeer zu finden ist. Die Korngröße liegt zwischen 0,06 und 0,1 Millimetern Durchmesser. Dafür sind der Wassergehalt und die Biomasse viel höher als im Sandwatt. Hier leben etwa auch die Wattwürmer, deren Kothaufen millionenfach die freigelegte Wattfläche übersäen.

Dunkel, fast schwarz, ist das Schlickwatt, das mit sechs Prozent im deutschen Wattenmeer eher selten vorkommt. Hier ist die Korngröße mit unter 0,06 Millimetern Durchmesser am geringsten, der Anteil organischer Substanz und Wasser dagegen am höchsten, was man auch riecht. Schlick findet sich oft in den Einstiegsbereichen. Hat man die ersten Meter Watt geschafft, geht's meist ohne tiefes Einsinken weiter.

Hintergrund Der Name »Watt« stammt von dem altfriesischen Wort »wad«, was so viel wie »seicht« oder »untief« bedeutet. | **Tipp** Für Pausen im Schlickwatt empfiehlt sich ein Stand mit einseitiger Verlagerung, dann kommt man mit dem ersten Schritt leichter wieder heraus aus den tief im Boden versunkenen Fußstapfen.

7_ Der Austernfischer

Omnipräsent: nicht zu übersehen und zu überhören

Woher der Austernfischer *(Haematopus ostralegus)* seinen Namen hat, das bleibt ein Rätsel: Denn er frisst überhaupt keine Austern. Die haben ihm eine viel zu dicke und harte Schale. Seine Lieblingsspeise sind Würmer oder Herz- und Miesmuscheln, deren Schalen er geschickt zu knacken versteht. Hierzu hat er ganz unterschiedliche Methoden entwickelt, die er als Küken von seinen Eltern lernt und ein Leben lang, ganz nach Bedarf, einsetzt. Die Technik der Futtersuche entscheidet über die aktuelle Schnabelform des Vogels: Hackt er auf dickschalige Muscheln ein, bis sie zerspringen, bekommt er eine abgestumpfte, verkürzte Schnabelspitze, einen Hammerschnabel. Sticht er dagegen blitzschnell zwischen die leicht geöffneten Schalen filtrierender Muscheln im Wasser, spitzt sich sein Schnabel vorne wie ein Meißel zu. Und wenn er lieber im Watt nach Würmern stochert, wird der Schnabel besonders spitz und lang. Die leuchtend orange Hornscheide des Schnabels wächst wie unsere Fingernägel ständig nach, bei ihm allerdings stolze 40 Zentimeter pro Jahr!

Mit seinem schwarz-weißen Federkleid gehört der Austernfischer zu den auffälligsten Vögeln des Wattenmeeres. Der etwa taubengroße Watvogel, der auf roten Beinen durch Watt und Salzwiese stelzt, hat mehrere Spitznamen: In Niedersachsen nennt man ihn »Ostfriesenstorch«, in Schleswig-Holstein heißt er »Halligstorch«.

Mit seinem schrillenden »kliiep« und »kibick-kibick« ist der Austernfischer weithin zu vernehmen. Laut wird es vor allem bei den Trillerkonzerten im Frühjahr, wenn die Brutpaare ihre Reviergrenzen mit den Nachbarn zentimetergenau ausfechten.

Das Wattenmeer ist für den Austernfischer der wichtigste Lebensraum in ganz Europa: 500.000 Exemplare überwintern hier, 40.000 Paare brüten ihren Nachwuchs aus. Allerdings ist durch häufigere Sommersturmfluten und starken Feinddruck der Bruterfolg nicht gut, und die Art ist im Rückgang.

Hintergrund Die aufgeweckten Austernfischer sind alles andere als scheu, sie gelten als Kulturfolger des Menschen. Selbst auf den Dalben am Hafen lassen sie sich gemütlich nieder. | **Info** Der Austernfischer ist der Nationalvogel der Färöerinseln.

8 Die Besucherzentren

Publikumsmagnete für Gäste aus dem In- und Ausland

Insgesamt gibt es am niederländisch-deutsch-dänischen Wattenmeer die beeindruckende Zahl von rund 60 Einrichtungen, die als touristische oder außerschulische Lernorte über das Wattenmeer informieren, sei es in der Seehundstation, auf einem ehemaligen Feuerschiff, in Erlebniszentren oder in den Nationalpark-Häusern. Einen besonderen Stellenwert im Informationsnetzwerk haben die Wattenmeer-Besucherzentren. Sie warten mit besonderen Programmen und Highlights auf, wie großen Aquarien, Bibliotheken, Laboren, Vortragsräumen. Sie sind gut auf ausländische Gäste eingestellt, bieten Führungen und Exkursionen auch in englischer Sprache an. So wird das UNESCO-Weltnaturerbe Wattenmeer für ein internationales Publikum erfahrbar.

Die Wattenmeer-Besucherzentren finden sich allesamt an Orten mit großem Publikumsverkehr und vielen Urlaubern. In Schleswig-Holstein ist das Multimar Wattforum in Tönning (siehe Kapitel 55) ein Besuchermagnet. In Niedersachsen gibt es drei dieser Einrichtungen: Ganz im Westen auf der Ostfriesischen Insel Norderney liegt eine davon. Sie punktet vor allen Dingen mit dem riesigen Stahlmodell einer Kornweihe auf dem Dach, in das man sich hineinsetzen und sich dabei wie ein Zugvogel fühlen kann. Ganz im Osten, in Cuxhaven, ist das zweite Besucherzentrum untergebracht. Es liegt direkt am Sahlenburger Watt, dort, wo die Pferdekutschen nach Neuwerk starten. Hier widmet man sich besonders den Themen Geestkliff und Küstenheide.

Das dritte im Bunde ist das Wattenmeer-Besucherzentrum Wilhelmshaven. Es liegt am Südstrand der Hafenstadt mit direktem Blick auf den Jadebusen. Seit 2021 freut sich Geschäftsführerin Dr. Juliane Köhler über eine rundum erneuerte Dauerausstellung mit einem beeindruckenden Salzwiesenraum sowie über einen der schönsten Veranstaltungsräume der Stadt. Im Programm spielen Meeressäuger eine Hauptrolle, insbesondere die Schweinswale vor der Küste.

Hintergrund Das Wattenmeer-Besucherzentrum Cuxhaven besticht durch seine Lage direkt am Wattenmeer und seine Architektur. Es ist eines der UNESCO-Weltnaturerbe-Informationszentren für ausländische Gäste. | **Info** Für den Überblick lohnt ein Blick auf die Service-Seiten der Nationalparks, etwa auf www.nationalpark-wattenmeer.de/nds/service.

9 Die Biosphärenreservate

Der Mensch und die Kulturlandschaft am Wattenmeer

Während ein Nationalpark meistens nur der natürlichen Entwicklung unterliegt und durch spezielle Maßnahmen vor nicht gewollten menschlichen Eingriffen und vor Umweltverschmutzung geschützt wird, ist der Begriff Biosphärenreservat ein wenig weiter gefasst. Die UNESCO versteht darunter Gebiete, in denen beispielhaft innovative Ansätze nachhaltiger Entwicklung erprobt und realisiert werden. Sie repräsentieren nicht nur einzigartige Naturlandschaften, sondern auch durch menschliche Nutzung geprägte Kulturlandschaften. Zusammengefasst könnte man sagen: In einem Nationalpark steht die Natur im Mittelpunkt, in einem Biosphärenreservat der nachhaltig wirtschaftende Mensch als Teil dieser Natur. Deutschland besitzt 16 Biosphärenreservate. Am Wattenmeer finden wir drei davon, analog zu den drei Nationalparks.

Ein Biosphärenreservat ist auch räumlich eine größere Einheit als ein Nationalpark. Während dieser in Niedersachsen am Deich endet, zielen die Programme des Biosphärenreservats vor allem auf das Gebiet hinter den Deichen: eine jahrhundertealte Kulturlandschaft, in der sich der Mensch mit ausgedehnten Marschen, unzähligen Wurten und einem ausgeklügelten Be- und Entwässerungssystem an die Natur des Landes angepasst hat. 270 Partner zählt das Netzwerk mittlerweile an der Küste, es gibt Biosphärenmärkte und -konzerte, auch die ersten Biosphärenschulen wurden bereits zertifiziert. Es geht um die Stärkung der Region, ihrer Produkte und des Bewusstseins für die Einzigartigkeit der Heimat am Wattenmeer.

Das »Biosphärenreservat Schleswig-Holsteinisches Wattenmeer und Halligen« wurde bereits 1990, zwei Jahre vor den anderen beiden, anerkannt und feierte im Dezember 2020 seinen 30. Geburtstag. Auch hier geht das Gebiet über das des Nationalparks hinaus und schließt die fünf bewohnten Halligen Gröde, Hooge, Langeneß, Nordstrandischmoor und Oland mit ein.

Hintergrund Hinter den Deichen in der Marsch wächst in den Biosphärenreservaten des Wattenmeeres eine Modellregion für nachhaltige Entwicklung. | **Kontakt** Informationen zu den einzelnen Programmen und Projekten finden sich auf den Webseiten der drei Nationalparks.

10 Der Blasentang

Die vielseitige Großalge: Schlankmacher und »Superfood«

Er ist glibbrig, weich und stinkt: Auf den ersten Blick gibt es wenig, was für den Blasentang spricht. Doch bei der Braunalge mit den gasgefüllten Blasen, die an der Nordseeküste so weit verbreitet ist, sind es die inneren Werte, die überzeugen. Sei es in der Medizin, der Kosmetik, der Nahrungsmittelindustrie, als Dünger in der Landwirtschaft (siehe Kapitel 94) oder als Verpackungsmaterial – es gibt wohl kaum einen Organismus, der so vielfältig einsetzbar ist wie Algen.

In der Naturheilkunde ist der braune Blasentang Jodlieferant und Schlankheitsmittel zugleich. Er wird gegen Übergewicht, Stoffwechselunterfunktionen und bei vergrößerter Schilddrüse eingesetzt. Zudem soll er die Haut geschmeidig und glatt halten. Wer will, der kann ruhig die Blasenkapseln des Tangs aufbrechen und sich den Saft des dickfleischigen Blatts auf die Haut reiben: Denn der Blasentang ist das maritime Pendant zur Wellness- und Gesundheitspflanze Aloe vera. Die Einsatzmöglichkeiten in Medizin und Kosmetik standen auch im Fokus des deutsch-dänischen Projekts »FucoSan – Gesundheit aus dem Meer«, das mit 2,2 Millionen Euro von der Europäischen Union gefördert wurde.

Auch als »Superfood« haben sich braune Großalgen einen Namen gemacht. Klaus Lüning, emeritierter Meeresbiologe vom renommierten Alfred-Wegener-Institut für Polar- und Meeresforschung, ist hierzulande mit einer Algenfarm auf Sylt bekannt geworden. Seit 2006 züchtet er dort erfolgreich Braun- und Rotalgen in großen Wasserbassins. Eine Tonne kann jährlich im Mai geerntet werden. Zum Vergleich: In Nordchina und Japan sind es fünf Millionen Tonnen.

In Deutschland fehlt es an einer tradierten kulinarischen Algen-Esskultur wie in Asien, aber auch an Flächen für potenzielle Algenfarmen. Die Konkurrenz an der Küste wäre auf jeden Fall sehr groß: Naturschützer, Fischerei und Tourismus – sie alle würden um den begrenzten Platz streiten.

Hintergrund Der Blasentang braucht einen festen Halt im Wasser, damit er nicht an den Strand gespült wird und dort vertrocknet. Den findet er durch eine Haftplatte an der Basis seines wurzellosen Körpers. Im felsen- und steinlosen Wattenmeer wächst die Pflanze oft auf künstlichen Uferbefestigungen oder an Pfählen.

11 Das Blut des Wattwurms

Die Alternative zu menschlichen Blutkonserven

Weltweit fehlen jährlich mindestens 75 Millionen Liter an Blutspenden. Das Lebenselixier des Menschen ist Mangelware – und ausgerechnet der Wattwurm scheint hier eine Lösung zu bieten: Denn ein Molekül, das den Sauerstoff in seinem Körper transportiert, kann dies genauso gut auch im Blut von Säugetieren erledigen. Warum dieses Wundermittel des Wurms, eine Art Ersatz-Hämoglobin, nicht als künstliche Blutkonserve für uns Menschen nutzen? Der französische Biologe Franck Zal war einer der Ersten, der sich diese Frage stellte. Seit 2007 forscht er mit seinem Unternehmen »Hemarina« an einsatzfähigen Präparaten für den Menschen. Das kleine Start-up von einst hat mittlerweile viele Preise gewonnen und millionenschwere Übernahmeangebote aus der Pharmaindustrie erhalten.

Die Nachfrage nach Blutkonserven steigt stetig. Das liegt zum einen am demografischen Wandel, der unsere Gesellschaft altern lässt. Mit dem Alter steigt die Anzahl der Krankenhausaufenthalte, immer mehr Operationen, immer mehr Transfusionen müssen durchgeführt werden. Hinzu kommt der technologische Fortschritt in der Medizin, der immer aufwendigere medizinische Eingriffe wie Transplantationen ermöglicht, die aber auch einen hohen Bedarf an Blutkonserven nach sich ziehen.

Seit geraumer Zeit versuchen Wissenschaftler daher, Ersatzblut aus Stammzellen zu gewinnen. Doch bisher ist noch jeder Ansatz in diese Richtung gescheitert. Die aus Stammzellen gewonnenen Produkte zeigten entweder zu hohe Nebenwirkungen oder wurden vom Körper abgestoßen, oder komplizierte Lizenz- und Gesetzgebungsverfahren verhinderten die Marktreife. Mit dem Wattwurm ist nun eine vielversprechende Tierart in den Fokus gerückt, die sich bereits jetzt für die Konservierung von Spenderorganen anbietet, als lebensrettende Blutkonserve, als Beschleuniger beim Heilungsprozess offener Wunden oder zur unterstützenden Behandlung bei Blutarmut.

Hintergrund Das Ersatz-Hämoglobin aus dem Blut des Wattwurms (siehe Kapitel 107) eignet sich für jede Blutgruppe des Menschen und viele medizinische Einsatzbereiche. | **Info** Wattwürmer haben wie Fische Kiemen. Bei Ebbe ersticken sie jedoch nicht, sondern können mittels ihres speziellen Sauerstoffträgers einfach die Luft anhalten.

12 Die Deichlinie

»The Great Wall«: Grenze zwischen Land und Wasser

Vor 10.000 Jahren gab es das Wattenmeer noch nicht, auch keine Nordseeküste, wie wir sie heute kennen. Sie entstand erst, als die Gletscher nach der Eiszeit anfingen zu schmelzen und der Meeresspiegel dadurch kontinuierlich anstieg. Die Nordsee arbeitete sich nach Süden vor, Großbritannien wurde zur Insel, der Ärmelkanal entstand und damit die bis heute für die Ausdehnung der Gezeiten entscheidende Verbindung zum Atlantik. Etwa um Christi Geburt bildete sich die uns bekannte Form heraus. Über Jahrhunderte war die Küstenzone dabei ein riesiges naturbelassenes Schwemmland.

Erst mit dem Bau einer geschlossenen Deichlinie entlang der Küste wurde der Norden Deutschlands, das Land der Friesen, überhaupt großflächig besiedelbar. Ab 1000 nach Christus begann man mit dem Bau von Deichen, die zunächst ringförmig angelegt waren, um die Ackerflächen vor Überflutungen und Versalzung zu schützen. Seit dem 12. Jahrhundert wurden die einzelnen Ringdeiche nach und nach miteinander verbunden. Bis zum Ende des 13. Jahrhunderts erhob sich eine geschlossene Deichlinie vor der kompletten Nordseeküste, von den Niederlanden bis nach Nordfriesland: der » Goldene Ring«. Er markiert eine künstlich geschaffene Grenze zwischen Land und Wattenmeer, die auf natürliche Weise nie entstanden wäre.

Hätten wir unsere »Great Wall« im Norden nicht, würden auch heute weite Teile Deutschlands von der Nordsee regelmäßig überschwemmt, würden die flachen Marschgegenden wieder zu Meeresgrund. Allein in Niedersachsen werden 6.600 Quadratkilometer Land mit circa 1,2 Millionen Einwohnern und Werten in Höhe von etwa 129 Milliarden Euro durch den langen Schutzwall gesichert, so der Niedersächsische Landesbetrieb für Wasserwirtschaft, Küsten- und Naturschutz (NLWKN). Rund ein Siebtel der Landesfläche ist potenziell sturmflutgefährdet. »Gott schuf das Meer und die Friesen die Küste«, diese alte Weisheit gilt bis heute.

Hintergrund 610 Kilometer Hauptdeiche und 17 Sperrwerke übernehmen momentan auf dem Festland den Schutz von überflutungsgefährdeten Gebieten in Niedersachsen. | **Tipp** Zur Veränderung der Küstenlinie und Siedlungsgeschichte kann man viel im Museum der Peldemühle in Esens erfahren (Tel. 04971/5232, www.leben-am-meer.de).

13 Das Dünenparadies

Viel Sand und mehr: der Außenposten Amrum

Ganz weit muss man mit dem Schiff ins Wattenmeer hinausfahren, um nach Amrum zu gelangen. Sie ist die westliche Schwesterinsel von Föhr. Dort, in Wyk, legt die Fähre bei der etwa zweistündigen Anreise von Dagebüll auf dem Festland einen kurzen Zwischenstopp ein, bevor es weitergeht zum Amrumer Fährhafen in Wittdün.

Amrum hat eine sehr vielfältige Natur: den größten Wald aller Nordseeinseln, eine dichte Heidelandschaft, aber was sie vor allem auszeichnet, ist ihr Sand: Dieser erstreckt sich auf 15 Kilometern Länge und zwei Kilometern Breite und ist damit einer der größten Strände Europas. Zehn Quadratkilometer davon umfasst allein der »Kniepsand«, eine Sandbank, die sich im letzten Jahrhundert langsam, aber sicher an die Insel geschoben hat und nun so dicht an ihrer Seite liegt, dass sie mit ihr förmlich verschmolzen ist. Wie ein überdimensionierter Bumerang schmiegt sich der Sandbogen im Westen an die 20 Quadratkilometer große Insel. Mehr Strand und Weite gehen kaum.

Im Wasser vor Amrum hat die Tierwelt ihr vom Nationalpark geschütztes und unberührtes Paradies im Wattenmeer, finden sich Schweinswale, Kegelrobben und Seehunde ein. 2,4 Kilometer westlich der Kniepsandspitze liegt eine kleine, fast kreisrunde Sandbank, »Jungnamensand«, die bei Hochwasser nicht überflutet wird. Dort ist einer der wenigen Plätze in der ganzen Nordsee, an denen Kegelrobben ihre Jungen aufziehen.

Amrum zählt auch zu den wichtigsten Brutgebieten für Seevögel. Besonders für die Eiderente, aber auch für Austernfischer, viele Möwenarten, Brandgänse oder etwa die Zwergseeschwalben. Auf der Amrumer Odde, der Landspitze ganz im Norden der Insel, brüten zahlreiche Arten. Noch weiter nördlich liegt die »Kormoran-Insel«, eine Sandbank, auf der sich gern viele Seehunde tummeln. Zu ihnen kann man eine etwas ausdauernde geführte Wattwanderung unternehmen, die nach 13 Kilometern auf Föhr endet.

Hintergrund Über 30 Meter türmt sich der Sand von Amrum auf. Die Dünenberge sind Teil eines Naturschutzgebietes mit Aussichtsplattformen. | **Tipp** Der Leuchtturm von Amrum ist mit 68 Metern einer der höchsten an der deutschen Nordseeküste und öffentlich zugänglich (www.wsv.de).

14__ Die Ebbe und die Flut

Gegen den Uhrzeigersinn durch die Nordsee

Die Gezeiten der Nordsee haben ihren Ursprung im Atlantischen Ozean. Im hohen Norden strömt die Gezeitenwelle um Schottland herum, an der englischen Ostküste entlang, dreht sich vor der belgischen Küste gegen den Uhrzeigersinn durch die südliche Nordsee bis zur Deutschen Bucht und weiter an Dänemark vorbei wieder Richtung Norden. So kommt es, dass die Flut auf Langeoog etwa 15 Minuten später eintritt als auf Norderney.

Kaum ein Gästeführer weiß mehr über die Details von Ebbe und Flut als Uwe Garrels. Seit 1984 führt er durch Natur und Watt von Langeoog – mit einer Unterbrechung von acht Jahren. Denn von 2011 bis 2019 war er Bürgermeister der Insel und damit Dienstherr von rund 200 Angestellten. Zeit blieb da keine mehr für seine Leidenschaft, die er nun erneut mit Leib und Seele aufgenommen hat: Er ist wieder Wattführer und ganz in seinem Element.

»Ohne Gezeiten gäbe es kein Wattenmeer«, hält er fest. Denn erst durch den steten Wechsel von Ebbe, dem ablaufenden Wasser, und Flut, dem auflaufenden Wasser, entsteht dieser weltweit einzigartige amphibische Lebensraum. Der tiefste Stand der Ebbe heißt Niedrigwasser und der höchste der Flut Hochwasser. Die Differenz von beiden bildet den Tidenhub: Der mittlere Tidenhub auf den Ostfriesischen Inseln steigt von circa 2,30 Metern auf Borkum im Westen auf gut 2,90 Meter auf Wangerooge im Osten an.

Wie wird die Höhe von Hoch- und Niedrigwasser berechnet? Garrels: »Der Tidenhub und die Eintrittszeit des Hochwassers eines bestimmten Ortes lassen sich nicht aus den bekannten astronomischen Daten berechnen, man muss sie aus Vor-Ort-Messungen ableiten und dann hochrechnen.« Zu viele Einflüsse wirken hier gleichzeitig: etwa Strömungen, der Stand und die wechselnden Entfernungen von Mond und Sonne, das Profil der Küstenlinie. Selbst auf seiner Insel sind sie je nach Standort unterschiedlich. Hinzu kommt der erhebliche Einfluss des Wetters.

Hintergrund Auf der Aussichtsplattform an der Strandhalle in 23 Metern Höhe reicht der Blick weit über die Nordsee. Der Pegelstab ist auf bis zu drei Meter Höhe ausziehbar, den Tidehub auf Langeoog bei einer Springtide. | **Tipp** Uwe Garrels bietet eine Vielzahl von Natur-, Strand- und Wattführungen an. Termine unter www.langeoog.de.

15 Das Eidersperrwerk

Nach der Jahrhundertflut ein »Jahrhundertbauwerk«

Es ist das größte Küstenschutzbauwerk Deutschlands, eine gigantische Konstruktion, die ingenieurtechnisch eine Meisterleistung ihrer Zeit darstellte. Aus Sicht der Natur war dieser Bau aber gleichzeitig ein riesiger Eingriff in das Mündungsgebiet der Eider in die Nordsee: Am Nordufer fielen dadurch etwa 1.200 Hektar der Wattlandschaft trocken. Heute erstreckt sich hier ein Vogel- und Naturschutzgebiet, das »Katinger Watt«.

Unter dem Eindruck der Jahrhundertflut von 1962, die weite Teile des tief liegenden Landes und auch Tönning erfasst hatte, entstand die Idee zu diesem Bau: dem Eidersperrwerk, zwischen Dithmarschen und der Halbinsel Eiderstedt gelegen. Dabei handelt es sich um einen Komplex aus Sperrwerk, einer angegliederten Schleuse für den Schiffsverkehr, einer Zugbrücke sowie einem Kontrollturm.

Das Sperrwerk stemmt sich der Eider mit zwei Reihen gewaltiger Sieltore entgegen, jedes 40 Meter lang, fünf Stück an jeder Seite. Zwischen den Toren führt ein 236 Meter langer Tunnel für den Straßenverkehr hindurch. Über dem Tunnel befindet sich ein Fußgängerweg, auf dem man auf Augenhöhe mit den Sieltoren das gesamte Sperrwerk passieren kann. Am nördlichen Aufgang auf Eiderstädter Seite hat es sich eine Kolonie der seltenen, aber beim Brüten auch angriffslustigen Küstenseeschwalben bequem gemacht.

Zusammen mit einem damals ebenfalls neu gebauten Deich hat das Eidersperrwerk eine Länge von 4,9 Kilometern und liegt sieben Meter über dem mittleren Tidehochwasser. Sein Hauptzweck ist, das Hinterland vor Sturmfluten zu schützen. Manchmal werden die Tore auch bei Ebbe geschlossen, um den Fluss vorübergehend zu stauen und beim Wiederöffnen unerwünschte Sedimente aus dem Flussbett ins Meer zu spülen. »Natur Natur sein lassen« ist eindeutig etwas anderes. Aber auch das ist Realität am Wattenmeer, wo Natur und Mensch ihre Grenzen immer wieder neu aushandeln müssen.

Hintergrund Vom ersten Spatenstich am 29. März 1967 bis zur Einweihung am 20. März 1973 hat es genau sechs Jahre gedauert, bis das Eidersperrwerk in Betrieb ging. | **Tipp** Wer das Sperrwerk oben zu Fuß überquert, steht mitten in der Nordseemündung und hat einen großartigen Ausblick nach beiden Seiten.

16 Das Entwässerungsnetz

Gefahr droht hinterm Deich: im Siel- und Schöpfwerk

Mit dem Bau von Deichen begann das Problem: Sie schützten einerseits die Ebene und die Menschen dahinter, machten aus dem ehemaligen Schwemmgebiet wertvolles Ackerland. Doch andererseits entstand mit dem Küstenschutz auch eine riesige, von Deichen umschlossene Badewanne. Wenn man nicht regelmäßig den Stöpsel zieht und alles ins Watt hinauslaufen lässt, säuft das flache Land unweigerlich ab.

Johann Meinen ist Siel- und Schöpfwerksmeister beim Entwässerungsverband Esens und verantwortlich für insgesamt fünf solcher Anlagen. Allein im Siel- und Schöpfwerk von Dornumersiel wird über ein 154 Kilometer langes Gewässernetz ein 14.000 Hektar großes Binnenland entwässert. Rund 60 Millionen Liter Süßwasser gelangen bei jeder Niedrigwassertide über das Siel hinaus in die Nordsee. Das passiert zweimal am Tag für zwei bis drei Stunden.

Immer wenn Ebbe ist, öffnen sich die Sieltore und lassen Wasser von innen in das Wattenmeer vor dem Deich fließen, bei Flut schließen sie sich durch den Druck des Wassers außen wieder. Manchmal ist aber so viel Wasser im Land, dass die Zeit nicht reicht. Dann muss Meinen nachhelfen und pumpen.

Den Klimawandel kann er jeden Tag an seinem Arbeitsplatz im Siel- und Schöpfwerk von Dornumersiel beobachten: Das Außenwasser vor dem Deich und den Sieltoren steht immer höher. Das Zeitfenster, in dem er Wasser aus dem Inneren in die Nordsee lassen kann, wird dagegen stetig kleiner. »Wir brauchen zur Entwässerung des Landes immer mehr und leistungsfähigere Pumpen. Auch muss die Statik der Sieltore auf die gewaltigeren Kräfte des Meeres abgestimmt sein.«

Der Entwässerungsverband rüstet auf. Denn der deutschen Nordseeküste droht in Zeiten von steigendem Meeresspiegel und Wetterextremen Gefahr nicht nur vor, sondern auch hinter den Deichen.

Hintergrund Überall in der Wattenmeerregion finden sich Gräben, Kanäle und Schleusentore zur Entwässerung. | **Tipp** Absolut lohnenswert ist die Teilnahme an der wöchentlichen Führung durch das Siel- und Schöpfwerk in Dornumersiel (Do 17 Uhr, Tel. 04933/91110).

17 Der erste Spionagethriller

»Das Rätsel der Sandbank«: Kultbuch des Wattenmeeres

Die Küste Ostfrieslands ist Schauplatz eines der ersten und besten Spionagethriller der Literaturgeschichte: »Das Rätsel der Sandbank«. Denn von diesem dünn besiedelten und von vielen Wasserläufen durchzogenen Landstrich am Wattenmeer ausgehend, sollten, so schreibt das Buch, die kaiserlichen Truppen Deutschlands die Invasion Englands vorbereiten. Der Roman, 1903 vom irischen Schriftsteller Erskine Childers verfasst, war dermaßen wirklichkeitsnah, dass sich Anfang des 20. Jahrhunderts die britische Regierung tatsächlich veranlasst sah, ihre Truppenstärke an den offensichtlich nicht gut geschützten Küstenabschnitten Englands erheblich auszubauen.

Im spannenden Spionagethriller spielen die geografischen Besonderheiten Ostfrieslands eine Hauptrolle. Denn wie man auch heute noch feststellen kann, besitzt der nordwestliche Rand von Deutschland keine großen Städte und wenige Häfen, sondern öffnet sich mit kleinen Sielen und Schleusentoren zur Nordsee. Davor liegen die sieben Ostfriesischen Inseln und dazwischen die Wattenlandschaft.

Von den verstreuten Sielorten an der Küste fließen Kanäle und Wasserläufe ins Hinterland zu kleinen Städten wie Norden, Hage, Dornum, Esens und Wittmund, die ungefähr fünf bis zehn Kilometer hinter der Küstenlinie eine Art horizontales Rückgrat bilden, das sich durch die gesamte ostfriesische Halbinsel zieht. Zu Zeiten des Spionageromans waren diese Orte noch durch eine Eisenbahnlinie verbunden.

Dieses Netz aus Wasser- und Schienenwegen, das sich über das Land spannt, stellt eine ideale Infrastruktur dar, um im Verborgenen und unauffällig die Truppen für eine Seeinvasion Englands zu sammeln. Hinter dieses Geheimnis deutscher Militärstrategen kommen die beiden Engländer Carruthers und Davis, die mit ihrer Segelyacht Dulcibella durch das ostfriesische Wattenmeer kreuzen und unversehens in die Welt der internationalen Spionage gelangen.

Hintergrund Für Robert Erskine Childers blieb es bei diesem ersten, seinem einzigen Roman. Er wurde später ein radikaler Verfechter der irischen Unabhängigkeitsbewegung und am 24.11.1922 mit 52 Jahren in Dublin gehenkt. | **Tipp** Das »Rätsel der Sandbank« bildete 1985 den Stoff für eine gleichnamige zehnteilige Fernsehserie der ARD.

18 Der Fischfang im Flachen

Spezielle Jagd: von Aalfängern und Krabbenfischern

Fische nutzen das Wattenmeer ganz unterschiedlich. Für manche, wie die Scholle, ist es die ideale Kinderstube, wo sich nur die Allerkleinsten der Art tummeln (siehe Kapitel 33). Für andere, wenn sie nur klein genug sind, wie die Sandgrundel, ist es der feste Standort. Für wieder andere ist das Wattenmeer ein Durchzugsgebiet zwischen See und Küste. Sie schwimmen zum Laichen in die großen Flüsse, wie etwa der Lachs oder die Meerforelle. Auch der Stör gehörte einst dazu, der überall in der Nordsee vorkam und nahezu ausgerottet ist.

Für den Europäischen Aal geht es auf seinem Weg zu den Laichplätzen in der Tausende Kilometer entfernten Sargasso-See ebenfalls durch das Wattenmeer. Auch er ist mittlerweile eine bedrohte Art. Im Rahmen von Schutzprogrammen werden jährlich Hunderttausende von Jungaalen aus Westeuropa in unseren Gewässern ausgesetzt – in der Hoffnung, dass einige von ihnen nicht gefischt werden und irgendwann den Weg über den Atlantik zurückfinden, um für die Vermehrung ihrer Art zu sorgen. Bisher ist es nicht gelungen, Aale künstlich zu züchten. Jedes Kilo Jungaal ist heute Tausende von Euro wert.

Zum Fang der Aale zogen Fischer früher bei Ebbe mit Schlickschlitten zu den Reusen hinaus aufs Watt. Diese Tradition ist – wie der Aal – am Aussterben. Am Dollart im Fischerhafen Ditzum werden auch heute noch regelmäßig Aale gefangen, bevor sie die Ems Richtung Nordsee verlassen. Im Wesentlichen ist es aber der Krabbenfang, der die Fischerei am Wattenmeer dominiert.

Naturschützer kritisieren den Krabbenfang im Nationalpark, weil die Kurrnetze nicht nur die Krabben aufscheuchen, sondern auch alles andere Leben am Grund schädigen. Das Jagen mit Stromschlägen aus Elektronetzen, mit denen niederländische Flotten neuerdings auf Krabbenfang gehen, ist mindestens ebenso umstritten. Vor allem vermissen sie aber große unbefischte Zonen im Nationalpark.

Hintergrund Wenn der Kutter mit den frischen Krabben kommt, geht der Fang direkt weiter zu den zentralen Siebstellen des Krabbenfischerverbandes in Büsum, Cuxhaven und Neuharlingersiel. | **Tipp** Manchmal verkaufen die Fischer einen Teil ihres Fangs direkt vom Kutter. Die Gelegenheit sollte man sich nicht entgehen lassen. Frischer geht's nicht.

19 Die »Flying Five«
Der Alpenstrandläufer ist einer – von ganz vielen

Das Wattenmeer ist die »Serengeti Deutschlands«, wenn man so will. Jedenfalls dachten sich findige Marketingstrategen hier einen Zusammenhang und erfanden analog zu den berühmten »Big Five« Afrikas – damit sind Elefant, Nashorn, Büffel, Leopard und Löwe gemeint – die »Flying Five«.

Diese fünf besonders charakteristischen Vogelarten des Wattenmeeres sind der Austernfischer, die Brandgans, die Ringelgans, die Silbermöwe sowie der Alpenstrandläufer *(Calidris alpina)*. Der kleine Watvogel mit dem alpinen Namen ist mit 1,3 Millionen Exemplaren der häufigste Zugvogel im Wattenmeer. Er ist so groß wie ein Star, und ähnlich wie diese Vögel erheben sich die Alpenstrandläufer in riesigen Schwärmen gen Himmel und führen dort ihr Flugballett auf. Es ist ein atemberaubendes Schauspiel, sie von unsichtbarer Hand geleitet über den Wattflächen tanzen zu sehen. In blitzschneller Wende zeigen sie ihre helle Unterseite, um im nächsten Augenblick ihre dunklen Rücken zu präsentieren. Wie eine riesige Wolke wogen sie in perfektem Formationsflug durch die Luft, ohne dass es jemals zu Zusammenstößen kommt.

Der Alpenstrandläufer ist ein Durchzieher des Wattenmeeres. Im Sommer brütet er wie so viele andere Zugvögel in Skandinavien und Sibirien in der weiten und baumfreien Tundralandschaft. Benannt wurde er nach den Skandinavischen Alpen, den Fjells. Im Brutgebiet ernährt er sich von Insekten, weshalb er immer in der Nähe mückenreicher Feuchtflächen brütet. Die Jungvögel sind bereits drei Wochen nach dem Schlüpfen flügge und finden die Zugvogelroute instinktiv.

Im Herbst, nach der zweiten Rast des Jahres im Wattenmeer, zieht er in die Winterquartiere nach Westeuropa oder Nordafrika. Doch schon ab März ist er zum großen Fressen wieder im Watt. Dann sieht man die für den Alpenstrandläufer typische »Nähmaschinenspur« aus Stocherlöchern, die er auf der Oberfläche im Watt hinterlässt.

Hintergrund Am Wattenmeer werden zudem die »Small Five« (Nordseegarnele, Strand-krabbe, Wattwurm, Herzmuschel und Wattschnecke) sowie die »Big Five« (Seehund, Kegelrobbe, Schweinswal, Seeadler und Stör) besonders beworben. Einige der »Five« werden in diesem Buch vorgestellt, aber noch viele andere interessante Tiere mehr.

20 Die Geburt neuer Inseln

Memmert ist schon eine, andere sind noch Sandbänke

Zwischen Borkum und Juist liegt die sogenannte Kachelotplate, die ihren Namen vom französischen Wort für Pottwal, *cachalot*, hat. Vor 50 Jahren war dort nur eine größere Sandbank zu sehen. Heute ist das Schwemmland, die Plate, fast drei Kilometer lang und an einigen Stellen mehr als einen Kilometer breit. Auch haben sich schon Pionierpflanzen angesiedelt, die dem Salzwasser trotzen und die Keimzelle für embryonale Dünen bilden, da sich um das zarte Grün herum immer mehr Sand ansammelt. Ein Großteil der Kachelotplate wird bei Hochwasser bereits nicht mehr überflutet. An manchen Stellen liegt das Eiland sogar fast zwei Meter über dem mittleren Wasserstand, dem Normalnull-Pegel für die Küste.

Das sind alles deutliche Merkmale einer Insel. Beim Niedersächsischen Landesbetrieb für Wasserwirtschaft, Küsten- und Naturschutz (NLWKN) ist man aus Erfahrung eher zurückhaltend und spricht konsequent weiterhin von einer Sandbank. Denn bei der nächsten Sturmflut könnte das Meer sich die Kachelotplate wieder zurückholen.

Die benachbarte Vogelinsel Memmert vor Juist zeigt, wie sich die Situation ändern kann. Die »achte Insel«, wie sie manchmal liebevoll genannt wird, verliert merklich an Grund. Derzeit ist das Eiland bei Hochwasser etwa 500 Hektar groß, bei einer Sturmflut ragen aber nur noch die hohen Dünen aus der tosenden Nordsee heraus, etwa ein Drittel des höheren Geländes ist ihr bereits zum Opfer gefallen.

Noch dramatischer zeigt Lütje Hörn, eine kleine Vogelinsel vor Borkum, welche Transformationen in kurzer Zeit möglich sind. 1891 lag die Größe der Insel noch bei 61 Hektar. Durch mehrere Sturmfluten erlitt das sandige Eiland in den vergangenen Jahrzehnten erhebliche Landverluste und Dünenerosionen. 2006 verzeichnete man eine hochwasserfreie Fläche von rund 6,5 Hektar. Nur noch ein Zehntel der ursprünglichen Insel ist nach gut 100 Jahren übrig geblieben.

Hintergrund Mit einer Sandbank, einer Plate, fängt die Geburt einer Insel an. Von ihnen gibt es viele im Wattenmeer, die wenigsten überleben jedoch die Zeiten. | Tipp Das Nationalparkhaus Juist bietet zwischen August und Oktober Sonderführungen zur Vogelinsel Memmert an (Tel. 04935/1595, www.nationalparkhaus-wattenmeer.de/juist).

21 Die gefährlichen Seegatts

Reißende Strömungen am Übergang zum offenen Meer

Zwischen den Inseln strömt das Wasser der Nordsee zweimal am Tag vom Watt hinaus ins offene Meer und wieder hinein. Ein gewaltiges Volumen von 15 Kubikkilometern Wasser dringt bei jeder Flut wieder zurück in die Gezeitenbecken des Wattenmeeres. Dabei entstehen an den Durchlässen, den Seegatts, enorme Kräfte. Das Wasser wird förmlich durch die Engstellen hindurchgepresst. Ebbe und Flut graben hier Strömungsrinnen in den Boden, die bis zu 30 Meter tief sein können. Daher ist es auf den Ostfriesischen Inseln nicht möglich, mal eben hinüber zur Nachbarinsel zu schwimmen, auch wenn die Entfernungen nicht weit sind. Die Strömung im Seegatt würde einen wegreißen.

In diesem Bereich des Wattenmeeres ist alles dauerhaft unter Wasser, sie wird die *sublitorale Zone* genannt. Während oben Wind und Wellen herrschen, wird unten mit der Strömung nicht nur Wasser, sondern fortwährend sehr viel Sand bewegt, der auch für Strandaufspülungen eingesetzt wird (siehe Kapitel 76).

Bei Ebbe drängen die Wassermassen aus dem Watt hinter den Inseln wieder auf das offene Meer. Sie laufen zunächst schnell durch das enge Seegatt, dann aber tut sich die Weite der Nordsee auf, und sie verlieren an Geschwindigkeit. An diesen Stellen setzen sich die mitgeführten Sand- und Schlickpartikel ab und bilden im Ebbdelta seeseitig Sandbänke, auch Platen genannt. Diese oft im Bogen verlaufenden Sandbänke sind die flachste Stelle eines Seegatts und für die Schifffahrt die gefährlichste, auch weil sich hier gegenläufige Strömungen treffen.

Ganz ähnlich bildet sich landseitig das Flutdelta. Hier nimmt die Geschwindigkeit des Wassers nach der Passage durch das Seegatt ab. Dies führt auf der Südseite der Inseln zur Bildung von Platen. Aus solchen Sandbänken können sogar neue Inseln entstehen. Sie können aber auch zum Verhängnis werden, wie es das tragische Schicksal von Tjark Evers im Seegatt Accumer Ee zeigt (siehe Kapitel 39).

Hintergrund Bei Hochwasser befinden sich ungefähr 30 Kubikkilometer Wasser im Gezeitenbecken des Wattenmeeres. Die Hälfte davon strömt bei Ebbe durch die Seegatts zwischen den Inseln wieder hinaus. | **Info** Die Schiffe lassen sich von der Strömung unterstützen; bei Ebbe geht es durch die Seegatts hinaus auf die Nordsee, bei Flut wieder hinein.

22_Die gelungene Renaturierung

Die Salzwiesen von Langeoog: vorbei an Vogelnestern

Es ist gerade einmal 15 Jahre her, dass dieses Grünland auf der dem Wattenmeer zugewandten Seite von Langeoog wieder zu einem Schwemmland wurde. Denn bis 2004 schützte ein Sommerdeich die Insel gegen Süden und bildete eine von Menschenhand geschaffene Grenze, die sich über acht Kilometer hinweg bis weit in den Osten zur »Meierei« zog, dem letzten bewohnten Außenposten.

Einer Ölpipeline durch das Seegatt Accumer Ee ist es letztendlich zu verdanken, dass wir heute wieder eine Salzwiesenlandschaft sehen, die stetig vom Meerwasser überflutet wird. Denn für diesen Eingriff in die Natur musste eine Ausgleichsfläche geschaffen werden. Der Deich wurde geschleift, und fortan herrschten wieder allein die Gezeiten über dieses 219 Hektar große Gebiet am Wattenmeer.

Hier kann man wie im Lehrbuch beobachten, wie sich die Tier- und Pflanzenwelt verlorenes Terrain zurückerobert. Wenn man mit der Nationalparkführerin Fiona Wettstein auf einer »Abendwanderung durch die Salzwiesen« Richtung Watt unterwegs ist, durchschreitet man alle Schwemmzonen einer Salzwiese und sieht dabei viele Spezialisten – wie etwa den Strandflieder, auf dessen Blättern sich bei Trockenheit eine weiße Salzschicht absetzt. Oder man lernt etwas über die Strandgrasnelke, deren harntreibende Wirkung ihr den Spitznamen »Pissnelke« gegeben hat. Auch das Strandmilchkraut ist zu sehen, das wegen seines hohen Eiweißgehaltes ideal zur Viehfütterung ist. Im schlicknahen Bereich kann man dann vom salzigen Queller, der hier großflächig wächst, kosten.

Vor allen Dingen ist die Salzwiese auf Langeoog eine Brutzone für viele Vögel, allesamt Bodenbrüter. Daher heißt es auch »Augen auf!«, denn schnell übersieht man entlang des einzigen erlaubten Fußweges die kleinen Eier im Gras: etwa das Gelege eines Austernfischers oder schreiende Möwen, die ihren flauschigen Nachwuchs schützen.

Hintergrund Die Vögel legen ihre Eier gern entlang des Weges. Hier sind sie durch Watt-wanderer besser vor Räubern aus der Luft geschützt als auf der freien Wiese. | Tipp Jeder, der eine Tour mit einem zertifizierten Wattführer bucht, durchquert diese Salzwiese. Termine unter www.langeoog.de

23___Der Gemeine Seestern

Ein Räuber, der seinen Magen nach außen stülpt

Dieser fünfarmige Stern fällt sofort auf: bis zu 30, maximal 50 Zentimeter im Durchmesser groß, von orangeroter oder violetter Farbe, mit kurzen Stacheln gepolstert – der »Gemeine Seestern« *(Asterias rubens)* ist im Watt wirklich nicht zu übersehen. Unter den spitz auslaufenden Armen befinden sich viele Reihen kleiner Saugfüßchen, die die Tiere kontrolliert bewegen können und mit denen sie sich langsam über den Grund bewegen. Doch das putzige Aussehen der hübschen Stacheltiere täuscht. Sie sind nämlich recht fiese Räuber.

Auf ihrem Speisezettel stehen Weichtiere, die sich aber oft mit harter Schale schützen, wie etwa Muscheln. Um an diese leckeren »Innereien« heranzukommen, hat der Gemeine Seestern – hier mal im wahrsten Sinne des Wortes – ein ganz gemeines Verfahren entwickelt: Zunächst schiebt er sich die Muschel unter seinen Mund, der sich an der Unterseite in der Körpermitte befindet. Dann saugt er sich mit seinen Füßchen an der Muschel fest und zerrt nach und nach mit stundenlangem Zug ganz beharrlich die Muschel auf. In dem Moment, in dem die Muschel nachgibt, stülpt der Seestern seinen Magen heraus und hinein in die Schalen. Dort, außerhalb des eigenen Körpers, verdaut er das Muschelfleisch zu einem Nahrungsbrei, den er danach wieder zurück in sein Inneres holt. Er lutscht sein Opfer regelrecht aus. Seesterne sind oft in Gruppen unterwegs und vertilgen mitunter ganze Muschelbänke.

Werden sie selbst zur Beute, dann können sie auch in diesem Fall wieder ganz tief in die Trickkiste greifen. Wenn sie etwa an einem Arm attackiert werden, dann sind sie in der Lage, ihn am Ansatz einfach abreißen zu lassen. Während der Feind noch mit dem Arm beschäftigt ist, kann der Seestern entkommen. Im Lauf der nächsten Monate wächst das fehlende Glied wieder nach. Außer Möwen und Eiderenten gibt es allerdings nicht viele Tiere, die Seesterne fressen, selbst Krebse verschmähen sie.

Hintergrund Seesterne sind sehr beliebte Motive an Wattenmeer und Nordsee. »Gemein« sind die fünfarmigen Meerestiere, weil sie hier ausgesprochen häufig vorkommen. | **Hinweis** Verzichten Sie besser auf den Kauf von Seestern-Souvenirs: So schön sie auch sind, es sind Tiere und keine Dekoartikel.

24 Die graue Stadt am Meer

Husum: Heimat von Storm und Naturschutzverbänden

»Am grauen Strand, am grauen Meer«, heißt es in Theodor Storms Gedicht »Die Stadt«. Diese Zeilen sind Husum gewidmet, seinem Geburtsort, in dem er auch viele Jahre lebte. Geschrieben wurden sie 1852. Doch als Besucher sucht man auch heute noch unwillkürlich als Erstes nach dem »Grau«, dem wohl berühmtesten der Literatur. Man stellt dann allerdings schnell fest, dass es in dieser Kleinstadt mit ihren rund 23.000 Einwohnern nicht so »eintönig« wie einst bei Storm, sondern recht lebendig und bunt zugeht. Vor allen Dingen in der malerischen Altstadt und im Binnenhafen mit seiner hübschen Häuserzeile pulsiert das Leben.

Hier befindet sich in zentraler Lage auch das Nationalpark-Haus Husum, das sich als »Tor in den Nationalpark« begreift. Es ist ein Infozentrum mit einem integrierten »Weltladen« für fair gehandelte Produkte und wird gemeinschaftlich von drei Einrichtungen betrieben: Neben der Nationalparkverwaltung haben hier das Projektbüro Wattenmeer des World Wide Fund For Nature (WWF) sowie die Schutzstation Wattenmeer ihren Sitz.

Diese unabhängige Naturschutzgesellschaft betreut im behördlichen Auftrag große Teile des Schleswig-Holsteinischen Nationalparks. Sie hat ein fast flächendeckendes Netz von 17 Stationen aufgebaut, die sich von Dithmarschen bis nach Sylt ziehen. Mit Tausenden von Veranstaltungen, Ausstellungen und Führungen sowie knapp 300.000 Teilnehmern jedes Jahr zählt sie zweifelsohne zu den wichtigsten Betreuern und Bildungsvermittlern des Küstenraums.

Seit mehr als 50 Jahren, seit 1962, setzt sich die Schutzstation Wattenmeer (www.schutzstation-wattenmeer.de) für den Schutz und Erhalt des Wattenmeeres und seiner einmaligen Tier- und Pflanzenwelt ein. Sie gilt, zusammen mit anderen Naturschützern, als die Keimzelle des Nationalpark-Gedankens, der ein weiterer Meilenstein auf dem Weg zur späteren Auszeichnung als Weltnaturerbe Wattenmeer war.

Adresse Nationalpark-Haus Husum, Hafenstraße 3, 25813 Husum, Tel. 04841/668530, info@nationalparkhaus-husum.de | **Tipp** Ganz in der Nähe lohnt das ehemalige Wohnhaus von Theodor Storm einen Besuch, heute befindet sich darin ein Literaturmuseum (Wasser-reihe 31, Tel. 04841/8038630, www.storm-gesellschaft.de).

25__Die großen Inseltouren

Durchs Watt: Norderney, Langeoog und Spiekeroog

Wer bei einer der Wattwanderungen entlang der ostfriesischen Küste oder auf die Insel Baltrum auf den Geschmack gekommen ist, der wird irgendwann eine der großen Inseltouren anvisieren. Aber Achtung: Sie sind alle ein wenig anspruchsvoller, was das Gelände und die Dauer des Ausflugs ins Watt angeht. Was sie aber eint und weshalb Norderney, Langeoog und Spiekeroog hier zusammengefasst dargestellt sind, ist die Tatsache, dass bei den drei Touren auch erhebliche Strecken auf den Inseln selbst zu laufen sind.

Denn diese Wattwanderungen führen allesamt an die Ostenden der langen Eilande: Auf Norderney folgt ein Spaziergang durch die weite Dünenlandschaft, auf Langeoog wird auf dem Weg ein Zwischenstopp bei der »Meierei« eingelegt, und auf Spiekeroog geht es von den Salzwiesen am Nationalpark-Haus Wittbülten entlang weiter. Nach dem Marsch durch das Watt gilt es immer, die Häfen ganz im Westen der Inseln zu erreichen. Manchmal kann man für Teilstrecken, wie auf Norderney, den Bus nehmen. Manchmal hilft auch eine Pferdekutsche weiter, wie auf Langeoog. Mit der Fähre geht es dann wieder zurück aufs Festland, allerdings meistens zu einem Hafen, der nicht derselbe ist, bei dem am Morgen alles angefangen hat.

Bei diesen Touren absolviert man also einen wahren Rundkurs, durchs Watt, über die jeweilige Insel und an die Küste gegenüber. Buchen kann man alles im Paket, sodass man sich über den Transport wenig Gedanken machen muss. Aufgrund der Länge der Strecke, aber auch wegen der aufwendigeren Logistik stehen diese Inseltouren nur an ausgewählten Tagen im Jahr auf dem Programm – wenn es die Gezeiten und Fahrpläne erlauben.

Was den Erschöpfungsgrad angeht, ist die Inselwanderung nach Langeoog wegen des hohen Schlickanteils die schwierigste, die nach Norderney ist wegen des überwiegenden Sandwatts ein wenig leichter, eine Wanderung nach Spiekeroog ist wegen des Mischwatts in der Mitte zu verorten.

Hintergrund Eine Wattwanderung zu einer Insel gehört zu den beeindruckendsten Erlebnissen, die das Wattenmeer zu bieten hat. Zu vier der sieben bewohnten Ostfriesischen Inseln ist das möglich sowie zur Vogelinsel Minsener Oog (siehe Kapitel 48). | **Info** Touren nach Norderney finden sich auf www.wattwandern-johann.de, nach Langeoog und Spiekeroog auf www.waddensea.travel oder www.wattlopen.de.

26 Die Hamburger Hallig

Schleswig-Holstein auf den Lippen: Salz und Schafe

Im gesamten Schleswig-Holsteinischen Wattenmeer gibt es mehr als 12.000 Hektar Salzwiesen. Eine der größten zusammenhängenden Salzwiesenflächen der Region befindet sich auf dem Weg zur Hamburger Hallig. Diese Halbinsel ragt wie ein kleiner Zipfel in Höhe der Hallig Hooge aus der Küstenlinie des Festlands. Sie hat zwar wie eine Hallig keinen Deich, liegt aber so nahe am Festland, dass sie über einen befestigten Weg sogar zu Fuß zu erreichen ist. Der führt vier Kilometer lang vom Deich des Sönke-Nissen-Koogs mitten durch eine mehr als 1.000 Hektar große Salzwiesenlandschaft. Sie wird bis zu 60-mal im Jahr überflutet. Dann heißt es »Land unter«, und der Weg zur Hamburger Hallig ist gesperrt.

Unterwegs auf der schnurgeraden Strecke gibt es so etwas Kurioses wie eine Mitfahrbank und ein Schild, das einen trampenden Daumen zeigt. Auf die Bank kann sich setzen, wer festgestellt hat, dass der Weg zur Hallig doch etwas zu lang ist, und in eines der im Kriechtempo vorbeiziehenden Autos einsteigen möchte. Denn in den Sommermonaten, vom 1. April bis zum 31. Oktober, kann man gegen Entgelt mit dem Pkw eine Schranke passieren, über den Deich und hinüber zur Hamburger Hallig fahren.

In den beiden kleineren Gebäuden der Hamburger Hallig befindet sich ein Stützpunkt der NationalparkService gGmbH mit einer im Sommer bewohnten Praktikantenwohnung sowie einer ebenfalls von ihr betriebenen »Wattwerkstatt« mit einer Ausstellung und einem Labor. Das alles überragende Gebäude hier ist jedoch der beeindruckende Bau der Nationalparkgaststätte »Hallig Krog«. Über ihm erhebt sich schützend ein gewaltiges Reetdach, das fast bis zum Boden reicht. Drinnen gibt es schmackhafte regionale Küche von Erik Brack, früher Küchendirektor auf der »MS Deutschland«. Spezialitäten vom Hallig-Lamm, vom nordfriesischen Landrasse-Schwein oder vom Husumer Jungbullen finden sich auf der Speisekarte des kreativen Kochs.

Hintergrund Ihren Namen hat die Hallig von zwei Hamburger Kaufleuten, den Gebrüdern Amsinck, die das Land hier vor 400 Jahren eindeichen ließen. | **Tipp** Auf der Seeseite der Hamburger Hallig kann man baden gehen. Treppen führen hinab ins Wasser, und ein Rettungsring ist auch da, wie man sieht.

27___Das Heringsbrötchen

Regionale Küche: von Hering, Matjes & Co.

Wie der »Bismarckhering« genau zu seinem Namen kam, ist nicht ganz geklärt. Doch er ist tatsächlich auf Otto von Bismarck zurückzuführen. In einer der vielen Geschichten, die kursieren, soll er gesagt haben: »Wenn der Hering so teuer wie der Hummer wäre, gälte er mit Sicherheit in den höchsten Kreisen als Delikatesse.« Der Preis ist bis heute zivil, und weil an den Reichskanzler zum Jubiläum der Gründung des Deutschen Kaiserreichs 2021 allerorten erinnert wird, hat er hier nun auch seinen Auftritt. Außerdem war Bismarck ein großer Freund der Nordsee und des Wattenmeeres, hat als junger Mann seine Zeit auf Norderney ausgesprochen genossen.

Aber zurück zum Hering. Mit »Bismarck« werden traditionell Heringslappen bezeichnet, die in eine saure Marinade aus Essig, Speiseöl, Zwiebeln, Senfkörnern und Lorbeerblättern eingelegt werden. Beim Rollmops wird der Fischstreifen um ein zartes Gürkchen gerollt, ansonsten ist er aber geschmacklich gleich. Beim Brathering handelt es sich dagegen um ein Gericht, bei dem grüner Hering erst gebraten und dann mariniert wird. Zusammen mit Bratkartoffeln ergibt das eine norddeutsche Köstlichkeit.

Und dann wäre da noch der Matjes. Auch er ist ein Hering, wird aber noch vor dem Einsetzen der Geschlechtsreife verarbeitet. Matjesheringe reifen in einer Salzlake und sind sehr mild. Entwickelt wurde der Herstellungsprozess von den Nachbarn. Er ist unter »Holländischer Matjes« als garantiert traditionelle Spezialität registriert.

Man kann sie alle mit Fug und Recht als Klassiker der Wattenmeer-Küche bezeichnen. Nicht nur, dass es sie an jeder Ecke, jedem Imbiss, jedem Strandlokal zu essen gibt. Der Hering ist zudem ein Produkt überaus regionaler Herkunft. Er verbringt sogar seine Kindheits- und Jugendjahre direkt vor der Küste, bevor es hinaus auf die Hochsee geht, wo er dann in großen Schwärmen durch das kalte Nordseewasser streift.

Hintergrund Bei der Fangquote für Deutschland lag der Hering 2020 mit 39.400 Tonnen mit Abstand vor allen anderen Fischen, gefolgt von Makrele und Seelachs. | **Tipp** In Hinblick auf nachhaltig regionale Küche ist der heimische Hering überaus zu empfehlen. Gesund ist er auch noch mit seinen vielen Omega-3-Fettsäuren.

28 Die Insel mit viel Grün

»Der Deich, die Schafe, der Himmel: Pellworm!«

Heute ist hier alles Wattenmeer, doch noch bis ins 14. Jahrhundert hinein befand sich an der nordfriesischen Küste zwischen Eiderstedt und Sylt eine Küstenlandschaft: die »Uthlande«, seit den Wikingern von den Friesen bewohnt. Auch Inseln gab es schon, doch die Nordsee hatte noch längst nicht so viel Land herausgefressen. Einen Küstenabschnitt bildete das historische »Strand«, das sich zu einer großen Insel formte. Gewaltige Sturmfluten rissen nach und nach alles auseinander. Das sagenumwobene Rungholt versank bei einer der katastrophalen Sturmfluten des 17. Jahrhunderts mit Strand im Meer. Es blieben nur noch die Halbinsel Nordstrand, die Halligen Nordstrandischmoor und Südfall sowie Pellworm übrig.

Sechs mal sieben Quadratkilometer ist die Insel Pellworm groß, nach Sylt und Föhr ist sie damit die drittgrößte Nordfrieslands. Gegen die reißenden Kräfte der Nordsee weiß sie sich zu schützen: Ein acht Meter hoher Deich, auf dem die Schafe grasen, umringt auf über 25 Kilometern fast das ganze Eiland. Wer auf die Nordsee schauen will, muss auf der »grünen Insel« also erst mal hochsteigen. Auf der anderen Seite reicht das Grün bis ans Wasser.

Neben dem Pellwormer Leuchtturm ist der 26 Meter hohe Turm der Alten Kirche die auffälligste Erhebung. Er war ursprünglich doppelt so hoch. Doch der Wattboden konnte das Gewicht der schweren Ziegel nicht halten, es stürzte alles ein. Übrig blieb eine Ruine. In ganzer Pracht steht dagegen die Nordermühle da, ein 1771 gebauter Galerieholländer, dessen Flügel sich noch im Wind drehen, auch wenn die Mühle schon lange außer Betrieb ist.

Von Pellworm aus startet Deutschlands einziger Wattpostbote seine Zustellung. Zweimal die Woche bringt Knud Knudsen, gegerbt von Wind und Wetter und meist mit nacktem Oberkörper, den ein beeindruckender Bernstein schmückt, die Post auf die südlichste Hallig des Wattenmeeres: nach Süderoog. Das sind sieben Kilometer durchs Watt, und das bei jedem Wetter.

Hintergrund Der Pellwormer Leuchtturm ist eines der »Highlights« der Insel, 38 Meter hoch, auf 127 Eichenpfählen errichtet. Hoch oben kann man auch heiraten. | **Tipp** Wattwandern nach Süderoog oder mit den Gebrüdern Hellmann zur Hallig Norderoog fahren, einer riesigen Sandbank mit Seehunden (Tel. 04844/320).

29___Das Inselinternat

Hermann Lietz-Schule: Netzwerker der Nachhaltigkeit

Mitten im Wattenmeer, auf Spiekeroog, liegt das einzige Gymnasium Deutschlands, das sich auf einer Insel befindet: die Hermann Lietz-Schule (HLS). Das Internat beruft sich bis heute auf die Reformpädagogik ihrer Gründer, die 1928 auf dieses kleine Eiland in der Nordsee gingen, um Heranwachsende naturnah und in familienähnlichen Strukturen ganzheitlich mit »Kopf, Herz und Hand« zu erziehen.

Die exponierte Lage der HLS prägt bis heute: »Wir befinden uns in einem Lebensraum mit überschaubaren Grenzen, geschlossenen Ressourcen-Kreisläufen, mit einer gefühlten Abhängigkeit von Naturgewalten, von Gezeiten, von Erreichbarkeit«, erklärt Direktor Florian Fock. »Diese Landschaft ist sehr inspirierend für unsere Art der Pädagogik, die sich immer den Herausforderungen der Zukunft angepasst hat.«

Die Schule verfolgt ein Tabletklassenkonzept, auch die Unterrichtsräume sind alle digital ausgestattet. Und Segeln spielt hier naturgemäß eine große Rolle: Es gibt eine Segel-AG, eine Bootsbau-Gilde, man kann verschiedene Segelscheine erwerben. In der achten Klasse findet eine Segelprojektwoche statt, viele Segelausflüge werden veranstaltet. Beim Abitur ist das Segeln als eine von drei fachpraktischen Prüfungen der sportlichen Abiturnote zugelassen. Weithin bekannt wurde die HLS auch für das »Segelnde Klassenzimmer«, bei dem der Unterricht für eine kleine Gruppe von Schülern auf einen Großsegler verlegt wird und es zusammen über den Atlantik geht.

Vor allen Dingen in Sachen Naturwissenschaft und Umweltbildung sieht sich die Schule in einer Vorreiterrolle. In enger Kooperation arbeitet man mit der Universität Oldenburg an fachübergreifenden Projekten wie etwa Schülerakademien zum Erforschen des Wattenmeeres. Mit dem vom Internat geführten öffentlichen Nationalpark-Haus Wittbülten ist zudem ein Zentrum für Nachhaltigkeitsbildung und vernetztes Denken entstanden.

Hintergrund Seit 2020 begrüßt am Haupteingang der Hermann-Lietz-Schule eine sechs Meter hohe Skulptur des Kölner Bildhauers Hannes Helmke die Besucher: »Mut zum Wagnis«, der Leitgedanke der Gründer in Bronze gegossen. | **Kontakt** Das Internat informiert auf www.lietz-nordsee-internat.de über seine Leistungen.

30_Der Jade-Meerbusen

Vom Hochmoor zur größten Bucht am Wattenmeer

Der Jadebusen ist mit 190 Quadratkilometern Fläche die größte Bucht des Wattenmeeres, man könnte ihn auch den »Golf von Wilhelmshaven« nennen. Weit reicht er ins Landesinnere. Seine charakteristische Herzform ist bei jeder Luftaufnahme der Nordseeküste sofort zu erkennen. Das war nicht immer so.

Noch zu Zeiten von Christi Geburt waren große Teile der heutigen Bucht von einem Hochmoor bedeckt. Das änderte sich mit den großen Sturmfluten des Mittelalters. Besonders 1334 und 1362 entriss das Meer dem Festland massiv Boden: Ganze Siedlungen versanken im Meer, wie etwa das Kirchspiel Arngast. Das Hochmoor verschwand bis auf eine östliche Flanke nahezu komplett. Die größte Ausdehnung hatte der Jadebusen 1511, als im Westen das Wattengebiet »Schwarze Brack« weit ins Landesinnere hineinragte.

Ab dem 16. Jahrhundert erfolgten umfangreiche Rückdeichungen, die dem Jadegebiet das uns heute bekannte Aussehen gaben. Als die Deichlinie zur Nordsee im 18. Jahrhundert komplett geschlossen war, begann man damit, Land zu gewinnen und die Deichlinie weiter vorzuschieben. Damit war dann Schluss, als der neue Kriegshafen Wilhelmshaven gebaut wurde und die kaiserliche Marine an den Jadebusen zog. Um sicherzustellen, dass die mit den Gezeiten ein- und ausströmende Wassermenge ausreichte, um das Jadefahrwasser nicht versanden zu lassen, verbot man schließlich 1883 per Gesetz jegliche weiteren Eindeichungen der tiefen Bucht.

Durch das enge Jadefahrwasser strömt bei jeder Ebbe fast der ganze Wasserinhalt des Jadebusens hinaus in die Deutsche Bucht und bei Flut wieder hinein: 450 Millionen Kubikmeter Wasser pressen sich durch eine 2,3 Seemeilen breite Meerenge. Sie sorgen für eine starke Strömung, die ständig Sand freispült. Aber selbst im tiefsten Seehafen Deutschlands gibt es Schlickfall, müssen jedes Jahr acht bis neun Millionen Kubikmeter Boden wieder ausgebaggert werden.

Hintergrund An Deutschlands einzigem Tiefwasserhafen mit Containerterminal, dem »JadeWeserPort« in Wilhelmshaven, löschen die größten Brücken der Welt die Fracht. | **Tipp** Ausflugsfahrten in das Jadefahrwasser und zum Hafen finden täglich um 11, 13 und 15 Uhr statt (Tel. 04464/94950, www.reederei-warrings.de).

31 Die Jahreszeiten

Abwechslungsreich vom Frühjahr bis zum Winter

Im Laufe eines Jahres zeigt das Wattenmeer sehr unterschiedliche Gesichter und Farben. Zum Frühlingserwachen gehören beispielsweise die großen Laichballen von verschiedenen Borstenwürmern, die überall verstreut auf der Wattoberfläche zu sehen sind. In den gallertartigen Kugeln befinden sich über 10.000 Eier. Aus diesen schlüpfen später Wurmlarven, die einige Wochen frei im Wasser schwimmen, bevor sie sich im Sommer als junge Würmer im Wattboden vergraben. Die Ersten im Jahr sind die rötlich pinken Laichballen vom Kiemenringelwurm sowie die bräunlichen Kugeln des Kotpillenwurms. Sind diese fast verschwunden, tauchen im April die grün gefärbten Bälle des Gefleckten Blattwurms auf. Ganz schön viele bunte Ostereier, die die Natur uns da beschert!

Im Sommer ist es vor allen Dingen die Tierwelt, die fasziniert. Ob Silbermöwe oder Seehund – jetzt bringen alle ihren Nachwuchs zur Welt. Die kleinen getupften Küken liegen im Nest, die jungen Heuler schreien auf der Sandbank nach ihrer Mutter. Auf den Salzwiesen erstrecken sich die leuchtenden Blütenteppiche einer auf diese Übergangszone spezialisierten Pflanzen- und Insektenwelt.

Im Herbst verleiht vor allem der Queller der Landschaft ein neues Aussehen. Dann ist der Salzgehalt im Innern der Pionierpflanze so hoch, dass sie kein Chlorophyll mehr produzieren kann. Der Queller, der im Sommer mit sattgrünen Sprösslingen am Wattrand steht, errötet nun förmlich. Ein sattes Rotbraun steuern noch die Blätter der Strandsode dem Landschaftsbild bei. So entsteht im baumlosen Wattenmeer ein ganz spezieller »Indian Summer« mit den warmen Tönen des Herbstes.

Im Winter ist es dann ganz leise und still am Wattenmeer. Auch die letzten der Millionen Zugvögel haben die Küste entlang des Ostatlantiks verlassen. Kristallklar leuchtet der Himmel am Horizont, und hin und wieder bleibt eine Inselfähre im eisigen Wasser stecken.

Hintergrund Das Wattenmeer ist zu jeder Jahreszeit faszinierend, ein weltweit einzigartiger Naturraum nicht nur im Sommer. | **Tipp** Auch außerhalb der Hauptsaison gibt es attraktive Angebote, insbesondere für Gesundheits- und Wellnessreisen in das Reizklima der Nordsee.

32 Die Kegelrobbe

Immer häufiger: das größte Raubtier im Wattenmeer

Kegelrobben gehören wie Seehunde zu den Robben und, da sie ebenfalls keine sichtbare Ohrmuschel haben, auch zu den sogenannten »Hundsrobben«. Ansonsten unterscheiden sie sich sehr voneinander. Die Kegelrobbe ist viel größer: Männchen können bis zu 2,30 Meter lang und 330 Kilogramm schwer werden. Ihren Namen haben sie von ihren kegelförmigen Zähnen. Doch auch ihr Kopf ist recht lang gezogen und kegelförmig – ganz anders als bei den eher stupsnasigen Seehunden.

Kegelrobben bringen ihre Jungen mitten im Winter zur Welt, zwischen Ende November und Ende Januar. Dann können die dicken Weibchen ohne Hitzschlaggefahr bei den Jungen an Land liegen. Die Jungen gehen möglichst noch nicht in das eiskalte Wasser, sondern legen sich erst mal eine ordentliche Speckschicht zu. Die Milch ihrer Mütter ist mit 53 Prozent extrem fettreich, sodass die Kleinen täglich (!) bis zu zwei Kilogramm zulegen. Ihre Kinderstube ist an hochwasserfreien Plätzen, wo die Jungen – nur scheinbar verlassen – auf die Rückkehr ihrer Mütter warten. Nach drei bis sechs Wochen verlieren die Jungen ihr flauschiges weißes Babyfell, das Lanugofell. Sie sind dann selbstständig und ziehen in die weite Nordsee hinaus.

Seit 2008 werden die Bestände der Kegelrobben in den Niederlanden, in Deutschland und Dänemark mit koordinierten Zählflügen gemessen. Die trilaterale »Seal Expert Group« beobachtet seitdem eine Verdreifachung der Zahlen. Zur Fellwechselzeit im Frühjahr, wenn die Tiere viel Zeit sichtbar an Land verbringen, wurden 2020 in den drei Ländern genau 7.649 Kegelrobben gezählt. Die größten Kolonien befinden sich in den Niederlanden, in Niedersachsen und auf Helgoland. In Schleswig-Holstein und Dänemark werden Kegelrobben seltener gesehen. Wanderbewegungen zwischen dem Wattenmeer und britischen Gewässern sind häufig, was auch durch Markierungen und Sender nachgewiesen wurde.

Hintergrund Im Profil gut zu erkennen: die Kegelrobbe mit ihrer spitz zulaufenden Schnauze. Ihren Nachwuchs zählt man während der Wurfzeit im Winter. | **Info** Bei Niedrigwasser sind die Tiere vom Schiff aus gut zu beobachten, ganz aus der Nähe in den Seehundstationen von Friedrichskoog (Tel. 04854/1372) und Norden-Norddeich (Tel. 04931/973330).

33 Die Kinderstube

Babyfische überall, auch von Grundel und Scholle

Von den 230 Fischarten der Nordsee leben etwa 70 im Wattenmeer. Plattfische fühlen sich hier besonders wohl, denn mit ihrer flachen Körperform sind sie optimal an die Bedingungen vor Ort angepasst. In die sehr flachen Teile des Wattenmeeres, die bei Ebbe trockenfallen, wandern nur kleine Fischarten ein oder die Jungfische von größeren. In dieser Zone sind nur noch rund zehn Arten anzutreffen.

Am häufigsten sind die Grundeln, kleine keulenförmige Dickkopffische von bis zu zehn Zentimetern Größe. Man muss im Sommer nur kurz (aber flink!) den Kescher durch das Wasser eines Priels oder einer Wattpfütze ziehen, und schon hat man Dutzende kleine Grundeln im Netz. Einige Vögel haben die Grundeln zum Fressen gern, aber als Speisefisch für uns sind sie bedeutungslos.

Das ist bei einem anderen Fisch der Nordsee ganz anders: der Scholle. Der Plattfisch gehört zu den beliebtesten Speisefischen der Deutschen und wird besonders im Frühjahr als »Maischolle« viel gegessen. Da viele Speisefische der Nordsee überfischt sind, werden die Schollenbestände per Fangquoten streng kontrolliert.

Schollen laichen im Frühjahr in der südlichen Nordsee. Von dort driften die Larven mit der Nordseeströmung ins Wattenmeer. Unterwegs machen die Babyschollen eine Verwandlung durch: Zunächst schwimmen sie aufrecht in der Form eines normalen Fischs durch das Wasser. Dann wandert durch unsymmetrisches Wachstum das linke Auge auf die rechte Körperseite, der Fisch legt sich nach links – und wird ein Plattfisch.

In ihrer »Kinderstube«, die sie vor vielen Fressfeinden schützt, ihr gleichzeitig aber auch einen reich gedeckten Tisch präsentiert, wachsen die kleinen Schollen auf. Bei niedrigem Wasser tummeln sie sich in kleinen Pfützen im Watt. Mit dem Größerwerden verziehen sie sich häufiger in die tieferen Priele. Wenn sie zwei oder drei Jahre alt sind, wandern die Schollen in die offene Nordsee hinaus.

Hintergrund Nur im Ei- oder Jungfischstadium sind Scholle, Hering, Wittling oder Hornhecht im Wattenmeer zu finden. Auch der Nachwuchs der Grundeln gedeiht prächtig, wie man sieht. | **Tipp** Nehmen Sie einen Kescher mit ins Watt und entdecken Sie selbst das pralle Baby-Leben in den Wasseradern und Pfützen.

34 Der Knutt

Viel unterwegs, der kleine Langstreckenzieher

Er gehört erstaunlicherweise nicht zu den »Flying Five«, den fliegenden Markenbotschaftern des Wattenmeeres. Die Rede ist vom Knutt *(Calidris canutus)*. Dabei ist er in großer Zahl und in großen Schwärmen zu sehen: 400.000 dieser geselligen amselgroßen Vögel sind im Weltnaturerbe Wattenmeer unterwegs. Zweimal im Jahr machen sie an der Nordseeküste Zwischenstation. Sie haben bereits eine 4.000 Kilometer lange Strecke hinter sich, wenn sie im Frühjahr aus ihren Winterquartieren in Westafrika ankommen, und eine ebenso lange noch vor sich, wenn sie weiterfliegen zu ihren Brutgebieten in Nordsibirien.

Während des Fluges reichlich abgemagert, müssen die Langstreckenzieher dringend bei uns auftanken. Die weiten geschützten Flächen der Nationalparks im Wattenmeer mit ihrem reichhaltigen Nahrungsangebot sind dazu ideal. Der Knutt stochert bei Ebbe im feuchten Boden nach seiner Leibspeise: kleinen Muscheln und Wattschnecken, die er mit speziellen Druck-Sinneszellen in der Schnabelspitze im Wattboden ertastet. Er schluckt die Schalentiere unzerkaut und knackt sie im Muskelmagen. Bei guter Ernährung kann ein Knutt in nur vier Wochen sein Gewicht durch Fettpolster von 140 auf 240 Gramm fast verdoppeln. Damit ist er bestens gerüstet für die lange Weiterreise in die arktische Küstentundra.

Dort droht der Vogelart seit einigen Jahren Gefahr. Denn durch den Klimawandel tritt die Schneeschmelze in den arktischen Zonen einige Wochen früher als bisher ein. Damit schlüpfen auch die Insekten in den Brutgebieten früher. Für Knutt-Küken, die wie gewohnt später auf die Welt kommen und sich von diesen Insekten ernähren, ist das ein schwerer und hungriger Start ins Leben. Sie wachsen schlechter, auch ihr Schnabel ist merklich kürzer. Was ihnen im Winter in Afrika zum tödlichen Verhängnis wird, da sie bestimmte, im Watt vergrabene Muscheln als Nahrungsquelle nicht mehr erreichen.

Hintergrund Wenn der Knutt sein Prachtgewand trägt, dann leuchtet die Unterseite rotbraun. Am Wattenmeer sieht man ihn nur in seinem Schlichtkleid, weiß mit grau gefleckter Brust. | **Hinweis** Auch im Winter kann man Knutts beobachten. Die sind nicht auf der Durchreise wie die aus Afrika, sondern kommen aus Nordostkanada und Grönland zum Überwintern hierher.

35 Der Krabbenfänger

Die »Polaris«: auf der Jagd nach scheuen Tierchen

Der malerische Sielort Neuharlingersiel ist bekannt für seine Krabbenkutter, die im historischen Hafen ihre Anker geworfen haben. Insgesamt acht Schiffe zählt die Flotte, eines davon ist die »Polaris«. Der leuchtend blaue Kutter mit dem gelben Führerhaus liegt seit mehr als 30 Jahren hier. 1987 hat Kapitän Uwe Abken sein frisch gebautes Traumschiff mit der Kennung übernommen. Seitdem kreuzt er das Wattenmeer vor den Inseln Spiekeroog, Langeoog und Norderney – immer auf der Jagd nach den unscheinbaren und scheuen Krebstierchen. Für ihn und seine Mannschaft geht es im Sommer meistens auch schon in der Dunkelheit auf See.

Die »Polaris« ist ein typisches Wattenschiff mit wenig Tiefgang, 16 Meter lang, ein sogenannter »Baumkurrenkutter«. Sie hat das charakteristische doppelseitige Fanggeschirr eines Krabbenkutters: einen Kurrbaum mit Kufen am Ende der Stange, dem Grundtau mit schweren Rollen und dem zum Schuh geformten Fangnetz, das in einem Netzsack, dem Steert, endet. Dieses Fanggeschirr wird über die Auslegerbäume links und rechts ins Wasser gelassen. Dann zieht der Kutter die Netze mit den Kufen über den Grund, das nennt man »Kurren«.

Die 32 schweren Rollen halten das Netz unten, »wubbern« über den Boden und scheuchen alle Tiere am Meeresgrund auf und in die Netze. Ein »Hol« darf im Wattenmeer maximal eine Stunde und draußen vor den Inseln in der Nordsee bis zu drei Stunden dauern. Um zu vermeiden, dass große Fische ungewollt als Beifang ins Netz gehen, haben Krabbenkutter heute zusätzliche Siebnetze mit höchstens 35 Millimeter großen Maschen am Kurrbaum.

Zu den anderen Kutterkapitänen im Wattenmeer hat Abken ein kollegiales Verhältnis. Auch wenn man natürlich im Wettbewerb zueinander stehe, erklärt er mit einem Schmunzeln: »Wir verraten einander nicht, wo unsere besten Fanggebiete liegen.« Das muss jeder Krabbenfischer schon selbst herausfinden.

Hintergrund Laut der »Erzeugergemeinschaft der Deutschen Krabbenfischer« liegen in den niedersächsischen und schleswig-holsteinischen Häfen insgesamt 101 Fischkutter des Verbandes (www.ezdk.de). | **Tipp** Neuharlingersiel wie auch andere Sielorte laden im Sommer zur Regatta mit den Krabbenkuttern: ein maritimes Highlight an der Nordseeküste (www.neuharlingersiel.de).

36 Die künstlichen Inseln

Das Salzwiesen-Forschungslabor im Spiekerooger Watt

Wie wird aus einer Sandbank eine Insel? Wie läuft eigentlich die Besiedlung mit Pflanzen und Tieren ab? Wie wird aus einem marinen Ökosystem ein terrestrisches? Das sind Fragen, die wissenschaftlich noch nicht ausreichend ergründet sind und im Wattenmeer vor der Insel Spiekeroog in einer realen Umgebung aus Meer, Sturmfluten und Wellen geklärt werden. Dazu haben Forscher vom Institut für Biologie und Umweltwissenschaften (IBU) der Universität Oldenburg zwölf künstliche Inseln auf die Wattseite der Insel gebaut.

Sie betreten damit wie ihre Forschungsobjekte absolutes Neuland. Auch die Konstruktion der künstlichen Inselwelten, die in großen Metallkäfigen simuliert werden, ist eine weltweite Premiere. Dazu musste im Vorfeld viel experimentiert werden. Eine etwas zu leichte erste Variante wurde 2013 von Orkan »Xaver« zerstört. Seit 2014 steht das einzigartige »Forschungs-Archipel« dauerhaft draußen im Watt. Es umfasst – verteilt auf zwölf Käfige – insgesamt 120 Quadratmeter Forschungsfläche.

Sechs der künstlichen Inseln wurden vorab mit typischer Flora der Salzwiesen bepflanzt: mit Andelgras, Strandaster, Salzmelde, Strandflieder und Strandwegerich. Über verschiedene Höhenstufen lassen sich in den Inselkäfigen unterschiedliche Überflutungszonen simulieren. Hier beobachten die Forscher, wie die Pflanzen veränderte Umweltbedingungen und Salzkonzentrationen verkraften. Wie lange dauert es etwa, bis sie eingehen? Welche Pflanzen sind resistenter als andere und ersetzen sie? Keine unwichtigen Fragen vor dem Hintergrund des Anstiegs des Meeresspiegels.

Das Gebiet im Watt ist den Forschern durch ihren Messpfahl im Seegatt Otzumer Balje (siehe Kapitel 45) seit Langem bekannt. Mit den Kooperationspartnern Nationalpark-Haus Wittbülten und Hermann Lietz-Schule (siehe Kapitel 29) finden sich auf Spiekeroog, das sich zunehmend als Wissenschaftsinsel etabliert, gute Bedingungen.

Hintergrund Aus schwerem Schiffsstahl sind die Metallkäfige der künstlichen Inseln, die im Wattboden vor Spiekeroog fest verankert sind. | **Tipp** Bei Ebbe kann man zu ihnen hinauslaufen, vom Hellerpad geht es rechts ab ins Watt und durch die echten Salzwiesen der Insel, die hier schon lange siedeln.

37 Die Lahnungen

Reihenweise: Landgewinnung für den Küstenschutz

Wo ein Deich nicht durch ein Vorland geschützt ist, kann man oft lange Holzkonstruktionen im Watt sehen. Dabei handelt es sich um eine Uferschutzanlage: eine Lahnung. Sie besteht aus zwei Holzpflockreihen mit dazwischen geschnürten Sträuchern. Sie sind etwa 60 bis 80 Zentimeter hoch. Die Reihen führen in senkrechter Linie weit ins Meer hinaus. Oft werden sie von Querreihen gekreuzt und bilden dann große Felder von ungefähr 100 mal 200 Metern.

Die so entstandenen Lahnungsfelder werden etwa alle zehn Meter durch Gräben entwässert, die bis zu zwei Meter breit und einige Dezimeter tief sind. Der ausgehobene Boden wird seitwärts zu höher gelegenen Beeten aufgeworfen, auf denen sich bei Flut die Schwebstoffe des Wattenmeeres sehr gut absetzen können.

Lahnungen sind eine Form der Landgewinnung, die in mehreren Stufen erfolgt. Dabei baut man nach und nach ein Lahnungsfeld vor dem anderen ins Meer, meistens insgesamt drei. Während sich im vorderen noch Sediment ablagert, haben sich im mittleren die ersten Pionierpflanzen angesiedelt und im hinteren bereits Salzwiesen gebildet.

Auch wenn der Verlandungsprozess ein natürlicher ist, ist das Ziehen von Lahnungen ein künstlicher Eingriff in die Natur. Als das gewonnene Land noch intensiv zur Beweidung genutzt wurde, stand es daher in der Kritik vieler Naturschützer. Doch mittlerweile werden in Schleswig-Holstein 45 Prozent der Salzwiesen nicht mehr beweidet, in Niedersachsen sind 70 Prozent der Salzwiesen ungenutzt. So bietet die neu gewonnene Fläche das Potenzial, Lebensraum für viele Tierarten, insbesondere für eine reiche Vogelwelt, zu schaffen.

In Zeiten steigender Meeresspiegel sehen auch die Küstenschützer in neu gewonnenem Salzwiesenvorland eine probate Methode, die Kraft kommender Sturmfluten abzuwehren. Statt Deiche immer weiter zu erhöhen, kann man die gewaltigen Wasser der Nordsee schon im Vorfeld durch eine längere Anlandungszone abschwächen.

Hintergrund Die Reisigbüschel zwischen den Holzpflöcken nennt man Faschinen, fertig ist die Sediment-Fanganlage. | **Tipp** Zwischen Norddeich und Neßmersiel gibt es entlang der Küste viele Lahnungen und prächtige Salzwiesen zu sehen. Man kommt mit dem Fahrrad sogar direkt ans Wattenmeer.

38 Die längste Hallig

Logistik auf Langeneß: einkaufen mal ganz anders

Der wichtigste Ort für die Bewohner von Langeneß befindet sich nicht auf einer der 18 Warften ihrer langen Hallig, sondern auf dem Festland, im 35 Kilometer entfernten Niebüll. Dort hat der Edeka-Markt Ove Lück seinen Sitz. Seitdem es auf den Halligen Langeneß und Oland keinen Lebensmittelladen vor Ort mehr gibt, hat der Familienbetrieb deren Versorgung übernommen. Gäbe es ihn nicht, sähe es schlecht aus um die Dinge des alltäglichen Bedarfs und so Systemrelevantes wie Toilettenpapier.

Langeneß wird im Sommer dienstags und freitags, im Winter nur einmal die Woche, am Donnerstag, beliefert. Ist die Bestellung in Niebüll pünktlich bis um zehn Uhr des Vortages eingegangen, wird alles wunschgemäß zusammengestellt und in Frachtcontainer gepackt. Diese haben eine lange Reise vor sich: Zuerst einige Kilometer auf der Straße zum Hafen in Schlüttsiel, dann wird umgeladen auf die Fähre, und weiter geht's auf dem Wasser, immer die lange Flanke der Hallig entlang, bis nach einer guten Stunde die Rixwarf ganz im Westen erreicht ist, wo alles wieder ausgeladen wird. Von dort erfolgt die Anlieferung bis an die mitunter acht Kilometer entfernte Haustür.

Auch wer auf Langeneß bauen oder renovieren will, etwa Ferienwohnungen für die Gäste, einen Neu-, An- oder Umbau plant, kann nicht mal schnell zum Baumarkt um die Ecke. Auch hier sind eine besondere Containerlogistik und vorausschauende Planung vonnöten, abgesehen von eigenem handwerklichen Geschick, da nicht immer der Meister eines Fachs zur Verfügung steht.

Und dann gibt es ja noch einen ganz anderen Weg, um seine Einkäufe zu erledigen: den über den Lorendamm nach Dagebüll. Werktags zwischen sieben und 16 Uhr ist dieser den Küstenschützern vorbehalten. Aber an Sonn- und Feiertagen ist er frei für jedermann, sind die Haltebuchten auf der eingleisigen Strecke immer besetzt: »Da geht es dann zu wie im Bienenstock«, weiß jeder auf der Hallig.

Hintergrund Ohne Fährbetrieb läuft auf den Halligen nichts. Alles, was gebraucht wird, wird am Anleger umgeschlagen: Mensch und Material. Er ist das eigentliche Zentrum. | **Hinweis** Auf Langeneß leben derzeit 113 Menschen. Es gibt eine Schule und einen Kindergarten (www.halligen.de).

39__Die letzten Zeilen

Tödliches Watt: das tragische Ende von Tjark Evers

»Ich stehe hier auf einer Plat und muß ertrinken.« Mit diesen wenigen Worten wurde er unsterblich. Tjark Evers ist nur 21 Jahre alt geworden, doch seine bewegenden Zeilen, die er im Angesicht des nahenden Todes seiner Familie zum Abschied schrieb, währten weit über sein kurzes Leben hinaus. Sie rühren die Menschen bis heute. Wie gefährlich Nebel und schlechte Sicht im Wattenmeer werden können, davon zeugt sein unbarmherziges Schicksal – eine der tragischsten Geschichten, die historisch überliefert sind. Sie passierte vor mehr als 150 Jahren, am vierten Advent des Jahres 1866:

Tjark Evers, der sich auf dem Festland zum Steuermann ausbilden lässt, will seine Familie auf Baltrum zu Weihnachten mit einem Besuch überraschen. Er besteigt ein Ruderboot, das zunächst Langeoog ansteuert und ihn dann auf die heimatliche Insel bringen soll. Die Flut hat eben eingesetzt, es ist auflaufend Wasser. Dichter Nebel liegt über dem Seegatt Accumer Ee.

In fester Überzeugung, Baltrum erreicht zu haben, verabschiedet sich Tjark Evers von den Ruderern. Wie er zu seinem Entsetzen jedoch nur wenig später feststellen muss, ist ihnen allen ein schrecklicher Irrtum unterlaufen: Das, was sie für den Rand der Insel hielten, ist in Wirklichkeit eine vorgelagerte Sandbank. Er ist vom Wasser umzingelt, dessen Pegel unerbittlich steigt!

Vollkommen orientierungslos im Nebel, ohne einen Funken Hoffnung, von einem vorbeifahrenden Schiff entdeckt zu werden, und viel zu spät dran, um den immer stärker reißenden und eiskalten Fluten zu entkommen, nimmt er sein Notizbuch, in das er sonst seine trigonometrischen Formeln einträgt, aus dem klammen Seesack und beschreibt auf drei Seiten seine erschütternde Lage. Zehn Tage nach seinem Tod wurde es viele Kilometer weiter östlich bei Wangerooge entdeckt. Es befand sich in einer Zigarrenkiste, die mit einem Tuch verschnürt ihren kostbaren Inhalt vor dem Wasser der Nordsee geschützt und für immer bewahrt hatte.

Hintergrund Die Originalfundstücke – neben der Zigarrenkiste auch das Notizbuch, der Bleistift sowie das Halstuch für die Mutter – sind im Heimatmuseum von Baltrum, dem Alten Zollhaus, zu sehen (Ostern bis Ende der Herbstferien). **| Tipp** Mit der Novelle »Auflaufend Wasser« haben Astrid Dehe und Achim Engstler dem Unglücklichen ein literarisches Denkmal gesetzt.

40 Das Leuchtturmland

Wurster Küste: wo ein »Kleiner Preuße« den Weg weist

Viele Jahrzehnte verlief das Fahrwasser zwischen Außenweser und Nordsee durch den »Wurster Arm«. Im ausgehenden 19. Jahrhundert säumte daher eine wahre »Skyline« aus vier Leuchttürmen die Wurster Küste nördlich von Bremerhaven. Sie ermöglichte den immer häufiger verkehrenden Transatlantikdampfern auch im Dunkeln eine sichere Fahrt. Einer dieser Leuchttürme war das mehr als 37 Meter hohe »Obereversand-Leuchtfeuer«, das 1886/87 im Deichvorland von Dorum-Neufeld errichtet wurde. Heute ist es ein Leuchtturmdenkmal, aber damals versah der schwarze, an eine Bake erinnernde Turm seinen wichtigen nächtlichen Dienst.

Doch die Stromrinnen und Sände der Außenweser verlagerten sich, das Hauptfahrwasser musste 1922 in den »Fedderwarder Arm« verlegt werden, der weiter westlich und damit weniger küstennah Richtung offenes Meer führte. Die Wurster Leuchttürme wurden nicht mehr gebraucht und löschten ihre Lichter.

Geblieben sind die Bauwerke, die sich mit ihren markanten Umrissen bis heute aus dem Watt erheben. Das ist an dieser Stelle der Küste besonders gewaltig. Die Watten von Eversand und Knechtsand sind von großen Prielen durchzogen und erstrecken sich bis zu 20 Kilometer in das Wasser der Nordsee.

Ein anderes Highlight im Wurster Leuchtturmland ist der »Kleine Preuße«. Von 1906 bis 1930 war er im Einsatz am Deich von Wremen. Seinen Namen verdankt er den Ringeln in den preußischen Nationalfarben Schwarz und Weiß und seiner geringen Höhe von zehn Metern. Er ist quasi das Pendant zum berühmten ostfriesischen »Otto-Leuchtturm« mit seinen rot-gelben Streifen in Pilsum. Der »Kleine Preuße«, der heute am Kutterhafen von Wremen steht, ist ein Nachbau von 2005. Doch das tut der großen Liebe zu der Touristenattraktion keinen Abbruch.

Apropos Liebe: Wie in Pilsum kann man auch in Wremen im Leuchtturm sehr maritim heiraten.

Hintergrund Kleine Leuchttürme im großen Watt der Wurster Nordseeküste: Die Relikte einer vergangenen Zeit sind heute beliebte Ausflugsziele. | **Info** Unter folgenden Webadressen kann man noch mehr zu den beiden Leuchttürmen erfahren: www.obereversand.de (Bild oben) und www.kleiner-preusse.de (Bild unten).

41 Die Löfflerkolonie

Eine »absolute Erfolgsstory« des Vogelschutzes

Sein Winterquartier reicht vom Mittelmeerraum bis zur Sahelzone, nach Mauretanien und weiter. Doch zum Brüten zieht er jedes Frühjahr in den Norden und immer lieber auch ans Wattenmeer. Die Rede ist vom Löffler, dem prächtigen weißen Zugvogel aus der Familie der Ibisse, zu denen auch der heilige Vogel der alten Ägypter gehört. Seinen Namen hat er von der auffälligen Form seines langen schwarzen Schnabels, der unten wie ein Löffel breit gerundet ausläuft. Wie ein weißer Flamingo sieht er von Weitem aus, wenn er mit seiner stattlichen Größe von 80 Zentimetern auf seinen langen schwarzen Beinen durch das Wasser stelzt und seiht.

Alle in Deutschland brütenden Löffler siedeln auf Inseln im Nationalpark Wattenmeer. Für den Vogelschutz in Niedersachsen und Schleswig-Holstein ist die Entwicklung des Löfflers eine »absolute Erfolgsstory«. 2019 meldete man erstmals mehr als 1.000 Brutpaare in Deutschland, das heißt mehr als 2.000 Vögel. »Gezählt werden vor allem die Gelege. Das passiert seit einigen Jahren aus der Luft, um die brütenden Vögel nicht zu stören, man bekommt dann aber auch nur den Mindestbestand, denn die Vögel brüten nicht alle synchron«, weiß Jochen Runar, der Nationalpark-Ranger von Langeoog, zu berichten. Auch auf seiner Insel findet sich jedes Jahr eine immer größer werdende Kolonie von Löfflern ein. Das erste Brutpaar beobachtete man hier 2008, mittlerweile zählt sie über 50 Paare.

Löffler brüten eigentlich im Baum. Im Nationalpark Wattenmeer bauen sie daher für den Nachwuchs erst mal ein richtiges Nest auf den Boden der Salzwiesen, bevor sie ihre Eier hineinsetzen. Dazu verwenden sie mangels Bäumen den Teek, die Ästchen und das Treibgut des Meeres. Über 30 Zentimeter ist das Kunstwerk am Ende hoch. In der sicheren, da vom Nationalpark besonders geschützten Zone können sie ab April in aller Ruhe den Nachwuchs ausbrüten. In der Kinderstube im Wattenmeer werden sie groß, bevor sie im September alle zusammen losziehen nach Afrika.

Hintergrund Der Nationalpark Wattenmeer ist zugleich Europäisches Vogelschutzgebiet. Er sichert so störungsfreie Räume für die am Brutplatz empfindlichen Großvögel. | **Tipp** Auf der Insel Langeoog lassen sich Löffler ganz besonders gut beobachten. Vom Radweg durch den Nationalpark aus sind sie schon mit bloßem Auge erkennbar, besser noch mit Fernglas oder Spektiv.

42 Die Lorenbahn zur Hallig

Kleines Land im Gezeitenstrom: Nordstrandischmoor

Bevor diese Geschichte Fahrt aufnimmt, muss sie sich kurz auf eine Nebenspur begeben. Denn nicht ein Gleis, sondern ein Gezeitenstrom ist es, der in dieser Landschaft um das versunkene historische Strand (siehe Kapitel 28) so prägend wirkt. Die Norderhever hat sich über die letzten Jahrhunderte zu dem zentralen Ast entwickelt, über den sich mit der Flut gewaltige Wassermassen in das Tidebecken zwischen Pellworm und Nordstrand ergießen. Um sie und ihre Seitenarme, die die Insel Nordstrand und die Halligen immer fester in den Griff nahmen, zu bändigen, wurde in der Nordstrander Bucht 1987 eine Vordeichung errichtet, die neues Land entstehen ließ: den Beltringharder Koog. Heute ist das ein Naturschutzgebiet, damals war es eine nicht unumstrittene Küstenschutzmaßnahme mit dem Verlust großer Wattflächen.

Sie hatte auch zur Folge, dass der 1926 gebaute und ursprünglich sieben Kilometer lange Lorendamm zur Hallig Nordstrandischmoor seitdem einige Kilometer weiter, am Ende des neu gewonnenen Landes in Lüttmoorsiel, beginnt. Die Bahn wird heute auf einer Reststrecke von 3,6 Kilometern betrieben. Direkt hinter dem Außendeich und neben dem Besucherzentrum für den neuen Koog ist die Hauptabstellanlage der Bahn. Hier kann man manchmal zuschauen, wie ein Zug auf einer schmalen Spur von 600 Millimetern Weite die Gleise am Deich hochfährt, um ihn dann in einer Spitzkehre in der Gegenrichtung auf der anderen Seite wieder hinunterzurollen. Seit 2000 geht es auf einem höheren Steindamm zur Hallig, der bei Sturmfluten nicht mehr passierbar ist, ansonsten aber unabhängig von den Gezeiten befahren werden kann.

Die Gleisstrecke ist nicht öffentlich. Allerdings hat jeder Haushalt von Nordstrandischmoor eine eigene offene Lore. Mit diesem privaten Gefährt holen die Bewohner ihre Gäste vom Festland ab. Das ist dann auch die einzige Möglichkeit, um selbst mal den Lorendamm entlangzugleiten.

Hintergrund Ankunft in Lüttmoorsiel mit der Halligbahn, die Nordstrandischmoor mit dem Festland verbindet und auf einem Steindamm mitten durch das Watt führt. | **Tipp** Es geht auch per pedes hinüber. Etwa zwei Stunden dauert eine Tour durch teilweise schlickiges Watt. Rund 15 Gästebetten hat die Hallig (www.halligen.de).

43___Die Märchenfrau

Sagenhaftes vom Wattenmeer: »Es war einmal ...«

Unter den Nationalpark-Partnern des Wattenmeeres ist eine ganz besondere Stimme: die von Sigrid Nolte-Schefold. Sie ist ausgebildete Märchenerzählerin, und das kann man hören. Auf vielen Kanälen ist sie präsent. Im Radio sitzt sie regelmäßig bei der »MärchenZeit für Kids« im Offenen Kanal Westküste vor dem Mikrofon, viele CDs hat sie eingespielt und mit »MärchenZeit to Go« einen YouTube-Kanal. Im Coronajahr 2020 ist sie neue digitale Wege gegangen. Im Juni hatte die »MärchenZeit für Nachtschwärmer« Premiere, eine Märchenstunde im Internet: mittwochs um 22 Uhr live per Video-Meeting. Bis Ende des Jahres waren es sieben Staffeln. Dank diesem innovativen Ansatz wurde sie auch Protagonistin einer Filmreihe, die das Gemeinsame Wattenmeersekretariat für die EU produziert hat.

Doch am allerliebsten ist Sigrid Nolte-Schefold direkt im Kontakt mit ihrem Publikum. Sei es bei Veranstaltungen vom Multimar Wattforum in Tönning, im Nationalpark-Haus von St. Peter-Ording oder beim Schlendern am Deich – sie erzählt überall dort, wo es Menschen gibt, die Märchen lieben. »Märchen sind überall«, findet sie. Direkt an der Nordsee haben ihre naturnahen »Märchen vom Meer«, in denen das Leben am Wasser im Mittelpunkt steht, eine authentische Kulisse wie nirgendwo sonst.

Wo ließe sich schon besser das Schicksal der »Bernsteinprinzessin« nachempfinden, die in einem goldenen Bernstein an den Strand gespült wird? Oder vom »Geschenk der Meereskönigin« hören, das sofort Wünsche erfüllt, aber allzu Geizige und Gierige bestraft. »In einem Dorf an der Nordsee ...«, so fängt das Märchen von der »Zaubermühle« an. Wer wissen will, wie das Salz in die Nordsee kommt, der findet hier eine bezaubernde Erklärung.

»Auch in den norddeutschen Märchen sind die Figuren oft in Not und arm«, sagt sie. Wer den Geschichten der Märchenerzählerin mit der schönen Stimme lauscht, wird dagegen reich beschenkt.

Hintergrund Die Märchenerzählerin liebt ihren idyllischen Garten zwischen Hamburg und Eiderstedt, wo sie sich auch ihr Atelier »Malen nach Herzenslust« eingerichtet hat. | **Kontakt** Programm und Termine der Märchenstunden erfährt man unter Tel. 0170/7749019 oder www.maerchenzeit.eu.

44__Das Mekka im Watt

Inselwanderung nach Baltrum: Nordsee kompakt

Nach Baltrum pilgern sie alle. Wahre Heerscharen wandern jedes Jahr durchs Watt zu dieser Nordseeinsel, der mittleren und kleinsten der insgesamt sieben bewohnten Inseln vor der ostfriesischen Küste. Und das hat seinen guten Grund: Denn mit einem Ausflug nach Baltrum kann man an einem einzigen Tag alles erleben, was Ostfriesland und seine Inseln so anziehend macht: die faszinierend dynamische Naturlandschaft des Wattenmeeres, eine typische Ostfriesische Insel mit Backsteinhäusern, hohen Dünen, weißem Sandstrand und bunten Strandkörben und auf dem Weg zurück dann eine Schiffstour über das Meer, vorbei an Sandbänken mit sich räkelnden Seehunden. Mehr geht nicht!

Jürgen Wackwitz ist einer der vielen zertifizierten Wattführer, die die Millionen Tagesgäste jedes Jahr vom Startpunkt in Neßmersiel hinüberbringen. In der Hochsaison startet hier bei Ebbe unablässig Gruppe auf Gruppe. Immer dabei ist auch die Familie Ortelt, die nun schon in dritter Generation in die Fußstapfen ihres unvergessenen Vaters und Großvaters Hans tritt, der als einer der Ersten an der Küste Wattwandertouren für Touristen entwickelte. Wie eh und je ziehen auch heute alle östlich des Hafenbeckens durch die Salzwiesen Richtung Watt, das einen zunächst etwas schlickig begrüßt.

Aber das ist glücklicherweise nach nur wenigen Metern vorbei, man sackt nicht mehr ganz so tief ein. Mit der Zeit entwickelt man einen gewissen Spürsinn für das pulsierende Leben, das sich so einfallsreich im Wattboden eingerichtet hat, um bei ablaufendem Wasser nicht Futter im gnadenlosen Ökosystem zu werden. Wackwitz kennt die Tricks der maritimen Bewohner gut, befördert mit seinem Spaten Pfeffermuscheln, Watt- und Borstenwürmer an die Oberfläche, zeigt auf Teppiche von Baumkronen aus Sand, die der Bäumchenröhrenwurm hinterlassen hat. Vorbei an Austernfeldern und durch herrliche Priele geht es weiter, Baltrum immer fest im Blick.

Hintergrund Der Start einer Wattwanderung ist abhängig von den Gezeiten, Programm und Uhrzeit ändern sich täglich – genauso wie der Fahrplan für die Baltrumfähre. | **Info** Touren mit Jürgen Wackwitz kann man unter www.watt-witz.de buchen, mit den Watt-führern und -führerinnen der Familie Ortelt unter www.wattfuehrer.com.

45 Der Messpfahl im Seegatt

Überall Sensoren: Livedaten vom Meeresgrund

Postgelb steht er da mitten im Seegatt zwischen den Ostfriesischen Inseln Langeoog und Spiekeroog. Die Fischer hatten schnell einen Spitznamen für ihn, als er 2002 dort errichtet wurde: »Briefkasten«. Und ein bisschen sieht er von Weitem ja auch so aus mit seinen eckigen Containeraufbauten auf dem hohen Pfahl. Zehn Meter tief wurde dieser in den Meeresgrund gerammt. Zu sehen ist von dem 35 Meter langen Rohr nur der Teil, der oben aus dem Wasser ragt. Je nach Gezeitenlage ist das mal mehr, mal weniger. Bei Hochwasser erhebt er sich sieben Meter über den Fluten.

Das merkwürdige Gebilde ist eine Hightech-Forschungsstation der Universität Oldenburg, in der Wissenschaftler seit fast 20 Jahren unablässig Daten sammeln, um mehr über die Zusammenhänge im Ökosystem Wattenmeer zu lernen. Sie betreiben dort Grundlagenforschung, wollen verstehen, wie sich die Sedimente im Watt bilden und bewegen, wie sich einer der dynamischsten Meeresböden verändert und was diese Prozesse auslöst – um letztendlich die Folgen veränderter Umweltbedingungen für das Wattenmeer vorhersagen zu können. Die Wissenschaftler sehen etwa an ihren Daten, dass sich das Wattenmeer schneller erwärmt als die restliche Nordsee. Auch für den Anstieg des Meeresspiegels liefert der Messpfahl Klima- wie Meeresforschern Daten und Belege.

Die Station arbeitet autonom und liefert jede Sekunde 120 Messwerte an die Arbeitsplätze der Forscher in Oldenburg, die bei jedem Wetter und zu jeder Jahreszeit über die aktuelle Lage im Seegatt im Bilde sind. Der Pfahl hat einen Durchmesser von 1,60 Metern. In ihm kann man hinuntersteigen. Er ist ein Messturm mit fünf Querrohren, durch die in unterschiedlichen Meerestiefen Meerwasser strömt. Das tiefste befindet sich eineinhalb Meter über dem Meeresgrund. Unzählige Sensoren tragen im Turm Daten zum Wasser zusammen, auch zu den für das Wattenmeer so wichtigen Schwebstoffanteilen.

Hintergrund Der Messpfahl wird regelmäßig von den Forschern der Universität Oldenburg gewartet. Über den Containern sorgen ein Windrad und Sonnenkollektoren für Energie. | **Tipp** Wer mit der Fähre von Neuharlingersiel nach Spiekeroog fährt, kann zur Linken den überdimensionierten »Briefkasten« im Seegatt erblicken.

46__Die Miesmuscheln

Verlierer des Klimawandels: kaum noch Bänke im Watt

Viele Muschelarten haben ein unterirdisches Heim im Watt. Miesmuscheln jedoch graben sich nicht in den Wattboden ein, sondern siedeln in großen Kolonien auf der Wattoberfläche. Damit sie nicht abtreiben, heften sie sich mit elastischen Eiweißfäden, den Byssusfäden, aneinander, an Steinen oder Pfählen fest und leisten der starken Strömung der Gezeiten gemeinsam Widerstand. Dichte Büschel der Haftfäden wirken ein wenig moosig und gaben ihr den vom althochdeutschen Wort für Moos stammenden Namen: »Mies«.

Am liebsten siedeln Miesmuscheln dort, wo sie ständig mit Wasser bedeckt sind. Denn sie gehören zu den sogenannten Filtrierern. Sie lassen Meerwasser durch ihren Körper strömen und entnehmen daraus Sauerstoff zum Atmen sowie feinste Nahrungspartikel. Schon eine junge Miesmuschel von gerade einmal drei Zentimetern Länge filtert mit ihrem kleinen Körper einen Liter Wasser pro Stunde. Alle Mies- und Herzmuscheln gemeinsam filtern im Sommer das gesamte Wasser des Wattenmeeres in nur einer Woche einmal komplett!

Miesmuscheln sind für das Wattenmeer von existenzieller Bedeutung: Sie sammeln große Feststoffmengen aus dem Wasser und festigen dadurch das Sediment. Zudem sind sie Nahrungsgrundlage für Millionen von Vögeln, Krebsen und Seesternen. Durch den Temperaturanstieg, den Siegeszug der invasiven Pazifischen Auster (siehe Kapitel 64) und wegen zunehmendem Mikroplastik im Meerwasser haben es die wild lebenden Miesmuscheln in der Nordsee jedoch immer schwerer. Das trifft auch alle Tiere, die von Miesmuscheln leben, denn die Austern sind ökologisch kein guter Ersatz.

Die Situation der Miesmuschel im Ökosystem Wattenmeer hat sich dramatisch verändert. Sie gehört zu den Verlierern: Große Muschelbänke finden sich immer seltener. Sie werden durch neue Vereinbarungen mit der kommerziellen Miesmuschelfischerei nun stärker geschützt.

Hintergrund Bei Ebbe halten Miesmuscheln eine Art Wachkoma und senken den Herzschlag von 60 auf sechs Schläge, damit können sie das Trockenfallen des Watts gut überstehen. | **Tipp** Der Bestand der Muschelwildbänke von Borkum bis Cuxhaven seit 1999 kann beim Niedersächsischen Nationalpark Wattenmeer im Detail verfolgt werden: www.nationalpark-wattenmeer.de/nds/service.

47__Die Mikro- und Makroalgen

In einem der produktivsten Lebensräume der Erde

Weltweit dürfte es rund 72.500 Algenarten geben, von denen längst nicht alle schon wissenschaftlich beschrieben worden sind. Grundsätzlich wird zwischen sogenannten Makro- und Mikroalgen unterschieden. Während Makroalgen mit dem bloßen Auge zu erkennen sind, handelt es sich bei Mikroalgen um mikroskopisch kleine Organismen. Ihnen kommt im Wattenmeer eine wichtige Bedeutung zu, denn der überwiegende Teil der pflanzlichen Nährstoffe im Watt, 80 Prozent, wird durch einzellige Algen erzeugt.

Diese leben auf dem Boden oder schwimmen im Wasser und können sich durch Teilung täglich verdoppeln. Sie sind sehr artenreich und im Watt allgegenwärtig: Sie überziehen die Fläche mit regelrechten Teppichen aus Millionen Zellen. Diese Mikroalgen dienen Bakterien als Nahrung, die wiederum Futter für zahlreiche Tierarten sind. Da sie Fotosynthese betreiben wie Pflanzen an Land, reichern sie zudem das Wasser mit Sauerstoff an. Eine komplexe Lebensgemeinschaft von einzelligen Algen, Bakterien und vielzelligen Organismen ist hier entstanden, an einem der produktivsten Lebensräume der Erde.

An der Wattoberfläche überwiegen Kieselalgen, die den Boden mit einem bräunlichen Belag überziehen. Neben diesen Mikroalgen finden sich im Wattenmeer in großen Mengen Meersalat, Blasentang (siehe Kapitel 10), Seeampfer und der Darmtang, eine Grünalge.

Der Darmtang ist eine der wenigen Grünalgen, die sich im Meer wohlfühlen. Es gibt viele unterschiedliche Arten, aber jeder Darmtang ist ein wahrer Überlebenskünstler und erträgt extrem schwankende Lebensbedingungen: Austrocknung bei Niedrigwasser, Nachtfrost im Frühjahr, Süßwasserüberschuss bei Sommerregen und starke Sonne im Flachwasser. Ein Darmtang besitzt zwei mit Gas gefüllte Zellschichten. Damit kann er seine Algenschläuche zur Wasseroberfläche ausrichten, um mehr Licht für die Fotosynthese einzufangen.

Hintergrund Farbtupfer im Watt: das junge Grün des Darmtangs. Im Frühjahr beginnen die zarten Algenbüschel im Flachwasser überall zu sprießen, am liebsten an Muschelschalen und Steinen. | **Tipp** Halten Sie die Augen auf und Sie werden die witzigsten Figuren auf dem Boden erspähen. Eine Frage der Phantasie!

48__Die Minsener Oog

Hin und zurück per pedes: windige Rast unter Vögeln

Ganz im Osten der Ostfriesischen Inseln liegt die einzige Vogelschutzinsel im niedersächsischen Wattenmeer, zu der man eine geführte Wattwanderung unternehmen kann. Sie ist auch die einzige Wattwanderinsel, zu der es keine Fährverbindung gibt. Man muss also den Hin- und Rückweg per pedes absolvieren. Das sind insgesamt zwölf Kilometer. Die führen aber größtenteils durch Sandwatt und lassen sich bequem laufen. Die Tour zur Minsener Oog eignet sich daher für Groß und Klein und auch für nicht so sportliche Gemüter.

Sie ist aber noch aus einem anderen Grund etwas ganz Besonderes: Die Strecke geht über viele Kilometer direkt an der Kante des Jadefahrwassers entlang, der Hauptschifffahrtsroute nach Wilhelmshaven. Riesige Containerschiffe ziehen in Sichtweite der Wattwanderer vorbei, bringen Fracht aus allen Ecken einer globalisierten Welt. Unberührt davon zeigt sich die Natur: Hier und da guckt mal eine Seehundschnauze aus dem Wasser, oben am Himmel ziehen kreischende Möwen ihre Bahnen.

Lars Hättig ist Nationalpark-Guide und bringt für das Wattwanderzentrum Ostfriesland regelmäßig Besuchergruppen zur Minsener Oog. Der junge Geologe gehört zu einer Generation, die mit dem Begriff »Wattführer« nicht mehr sehr viel anfangen kann. Er sieht sich als Wissensvermittler, als Pädagoge im Watt, der seine Gäste in vielen Pausen spannend unterhält. Bei jedem Wetter – auch wenn der Wind stark bläst und ein paar Tropfen vom Himmel fallen.

Nur ein kleiner Sandstreifen am südlichen Rand der Minsener Oog darf überhaupt betreten werden. Hier erlaubt auch der einzige Mensch, der zeitweise auf der Insel wohnt, einen Blick auf das Vogelparadies: der Vogelwart, der auch mal weiblich sein kann. Bis zu 12.000 Tiere leben auf der Insel, darunter 8.000 Brutvögel. Neben Lachmöwen fliegen sie vor allem Zigtausende von Seeschwalben an, sogar die vom Aussterben bedrohte Zugseeschwalbe.

Hintergrund Die Minsener Oog ist eigentlich ein Strömungsbauwerk, das im 20. Jahrhundert gebaut wurde, um die Zufahrt nach Wilhelmshaven vor dem Versanden zu schützen. | **Info** Die Wattwanderungen starten in Schillig und sind auf www.waddensea.travel, www.wattabenteuer.de und www.wattlopen.de buchbar.

49__Mit dem Flugzeug

Wildnis vor der Haustür: exotischer Blick von oben

Welch faszinierender Naturraum direkt zu unseren Füßen an der Nordsee liegt, ist den meisten gar nicht bewusst. Das ist vor allen Dingen eine Frage der Perspektive. Denn erst wenn man sich in die Lüfte erhebt, erschließt sich die einzigartige Landschaft des Wattenmeeres mit seinen mäandernden Prielen in voller Pracht. »So schön wie das Mündungsdelta des Orinoco«, hat mal jemand geschrieben. Das trifft es ganz gut, denn von oben wirkt die uns allen scheinbar so bekannte Nordseeküste ungemein exotisch und fremd. Und man beginnt zu begreifen, warum das Wattenmeer auf einer Stufe mit dem Grand Canyon, der Serengeti oder den Galapagosinseln steht.

Auch der Kinofilm »Die Nordsee von oben« überrascht mit diesem Effekt, indem er aus der Vogelperspektive ganz neue Blickwinkel erlaubt. Die kann man nicht nur im Film erleben, sondern auch ganz real bei einem Flug über das Wattenmeer. Der ist gar nicht mal so teuer, wie man gemeinhin denkt. Meistens ist der Ausflug allerdings recht kurz, wie etwa bei einem Flug mit den »Inselfliegern« an der niedersächsischen Küste.

Sie bieten mit ihren Strecken von Norddeich nach Juist oder Norderney sowie von Harle nach Wangerooge die kürzesten Linienflüge Deutschlands an (www.inselflieger.de). In fünf Minuten etwa ist man hinübergehüpft. Die Strecke nach Juist gibt es sogar als Kombi-Tagesticket für 69 Euro (Stand 2020), bei der ein Weg mit dem Flugzeug und der andere mit der Fähre absolviert werden kann.

Wer ein wenig länger die phantastische Aussicht auf das Wattenmeer genießen will, der kann Rundflüge buchen, die zwischen 15 und 60 Minuten dauern. Auch Hochzeitsflüge oder ein ganz wörtlich zu nehmender »Tagesausflug« nach Helgoland, der einen auf die Hochsee hinausführt, sind im Angebot. Bis auf Spiekeroog und Amrum haben sämtliche Inseln der Nordsee einen Flugplatz. Auf Baltrum und Pellworm gibt es Sonderlandeplätze.

Hintergrund Auch vom Flugplatz Mariensiel, dem »JadeWeserAirport« bei Wilhelmshaven, geht es in die Lüfte. | **Tipp** Beim Verein der »Motorfluggruppe Wilhelmshaven« kann man privat gegen Entgelt mitfliegen. Je mehr Personen dabei sind, umso günstiger wird der Rundflug über das Wattenmeer (www.edwi.info).

50 Das Mündungsdelta

Dynamisch: fragile Inseln und wandernde Sandbänke

Das Wattenmeer hat viele Inseln, doch dahinter verbergen sich ganz unterschiedliche Entstehungsgeschichten. Ihre Form und Lage wird ganz entscheidend bestimmt von den Bedingungen ihrer Umgebung, von der jeweils vor Ort vorherrschenden Gezeitendynamik und den Strömungen von Fluten und Flüssen. So bildet das Mündungsdelta von Weser, Elbe und Eider ein ganz eigenes System, das dem zentralen Wattenmeer zwischen Bremerhaven, Cuxhaven und dem nordfriesischen Eiderstedt sein typisches Aussehen gibt.

Hier gehen Wattenmeer, Nordsee und die Flussmündungen direkt ineinander über. In diesem dynamischen Kräfteumfeld konnten sich nur wenige Inseln und Sandbänke entwickeln, wie etwa Mellum am östlichen Rand des Jadebusens, die Knechtsände in der Außenweser, Neuwerk vor Cuxhaven oder Trischen vor der Dithmarscher Küste. Sie bilden zusammen ein sehr durchbrochenes Band von kleinen Eilanden vor der trichterförmigen südöstlichen Ecke der Deutschen Bucht. In ihrem Strömungsschatten sind Richtung Küste jeweils ausgedehnte Wattgebiete entstanden.

Die speziellen Rahmenbedingungen in diesem Teil des Wattenmeeres lassen sich gut am Beispiel von Scharhörn und Nigehörn, den beiden Sandinseln im Hamburger Wattenmeer, verfolgen. Sie liegen fast schon auf hoher See und sind damit Stürmen, Sturmfluten und Strömungen stärker ausgesetzt als etwa die küstennäheren Ostfriesischen Inseln. Scharhörn bewegt sich im Schnitt jedes Jahr zwölf Meter in südöstlicher Richtung und wäre fast schon verschwunden, hätte man ihr nicht 1989 die Schwesterinsel Nigehörn künstlich zur Seite gespült. Jetzt wachsen beide immer mehr zusammen.

Wie ihre große Schwester Neuwerk haben es die beiden zudem mit einem besonders starken Tidehub der Elbe zu tun, der stattliche drei Meter beträgt und der höchste der deutschen Nordseeküste ist. An der südöstlichen Ecke der Nordsee arbeitet die Natur von allen Seiten an den fragilen Eilanden.

Hintergrund Bremerhaven liegt an der Mündung der Weser in die Nordsee. Weiter nördlich trifft von Westen der Gezeitenstrom auf die Außenweser. | **Tipp** Unbedingt das »Klimahaus Bremerhaven 8° Ost« besuchen, ein beeindruckendes Ausstellungsgebäude zu Klimawandel und Meeresspiegelanstieg (www.klimahaus-bremerhaven.de).

51 Der nachhaltige Tourismus

Bewusstseinswandel: mehr Wattenmeer als Nordsee

Auch wenn von den 14.700 Quadratmetern Grundfläche rund 11.000 als Nationalparks und Naturschutzgebiete ausgewiesen sind, spielt der Mensch in dem einzigartigen Naturraum des Wattenmeeres eine wichtige Rolle. Vor allen Dingen als Tourist. Denn fast ebenso viele Feriengäste wie Zugvögel besuchen jährlich die Destination Wattenmeer: zehn Millionen mit bis zu 50 Millionen Übernachtungen. Dazu kommen noch 30 bis 40 Millionen Tagesgäste. Der jährliche Umsatz des Tourismus in der Wattenmeerregion beträgt geschätzt drei bis fünf Milliarden Euro, er ist damit der wichtigste Wirtschaftszweig.

Die wenigsten Besucher sagen vermutlich: »Ich war gerade im Urlaub am Wattenmeer.« Sie werden wohl eher von entspannten Ferien »an der Nordsee« berichten. Das ist die eigentliche Herausforderung für Reisende wie Akteure: die seit Generationen vertraute Nordsee als »Destination Wattenmeer« zu begreifen und zu verinnerlichen. Diesen Bewusstseinswandel auszulösen ist ein Ziel von Anja Domnick. Sie ist im Gemeinsamen Wattenmeersekretariat (siehe Kapitel 96) verantwortlich für die Entwicklung nachhaltiger Tourismuskonzepte. Zusammen mit Kollegen und vielen Partnern entwickelt sie auf Dreiländerebene das Weltnaturerbe Wattenmeer zu einer Marke und fördert zukunftsweisende Tourismusprojekte.

Seit Juni 2014 gibt es ein umfangreiches Strategiepapier des internationalen Gremiums, das die Arbeitsfelder und Ziele absteckt. Verständnis für den universellen Wert des Wattenmeeres, Verantwortung für dessen Schutz und konsistentes Marketing sind dabei grenzübergreifende Bausteine. Naturschutz, Tourismus und die Bevölkerung vor Ort sollen gemeinsam vom Wattenmeer als Welterbe profitieren.

Auf dem Weg zu hochwertigen und nachhaltigen Tourismusangeboten gilt es, Vertrauen zu den Menschen der Region aufzubauen. »Kommunikation ist hier wichtig«, meint die trilaterale Strategin.

Hintergrund Für Proteste der Naturschützer sorgen Kreuzfahrten ins Wattenmeer, die von großen Reedereien als Marktnische entdeckt werden. Auch das unbegrenzte Kitesurfen außerhalb ausgewiesener Zonen wird kritisch diskutiert. | **Tipp** Ein völlig unkritisches Vergnügen ist das Sternegucken am Nachthimmel des Wattenmeeres. Spiekeroog strebt die internationale Auszeichnung als »Sternenpark« an.

52 Das Nachhaltigkeitslabor
Ökowerk Emden: salzige Experimente zum Klimawandel

Der NDR hat sie mal als die »Tüftler vom Deich« bezeichnet. Und das trifft es eigentlich sehr gut, auch wenn die Macher vom Ökowerk Emden mit ihren Experimenten zu salzhaltigen Pflanzen mittlerweile ausgewiesene Fachleute von internationalem Rang sind. Das Umweltbildungszentrum direkt hinter einem hohen Deich an der Emsmündung ist eines von zehn europäischen Forschungslaboren des EU-Projektes »SalFar«, eine Abkürzung für »Saline Farming«. Mit dem Anstieg der Meeresspiegel drohen immer mehr Böden entlang der Küstenzonen der Welt zu versalzen. Um diese weiterhin landwirtschaftlich nutzen zu können, sucht man allerorten rund um den Globus nach Nutzpflanzen, die es im Salz aushalten: »Halophyten« ist ihr wissenschaftlicher Name.

Von Anfang an ist das ostfriesische Ökowerk bei »SalFar« dabei und vertritt Deutschland in dem ambitionierten Programm, zu dem sechs weitere Nordsee-Anrainerstaaten beitragen. Insgesamt arbeiten 14 sehr unterschiedliche Partner an der Untersuchung, darunter auch Universitäten für die akademische Begleitung. Die Emder gelten als die Macher und Praktiker im Verbund: »Wir sind die Ideenschmiede und Umsetzungswerkstatt«, erläutert Detlef Stang, langjähriger Geschäftsführer der Stiftung und deutscher Projektleiter von »SalFar«.

Rund 17 Halophyten hat das Team um Stang bereits getestet. Den Queller kennt man ja noch, aber wer weiß schon um die Australische Strandbanane, die Karkalla? Sie schmeckt nach Erdbeere, ist bei den Aborigines beliebt und gedeiht nun am Wattenmeer. Oder wer hat schon mal von der Urmutter aller Kohlsorten, dem Meerkohl, gehört? Die mehrjährige immergrüne Staude wird im Treibhaus genauer unter die Lupe genommen, wie das Salzkraut Agretti, der seltene Salz-Alant oder der Meerfenchel.

Probieren, Fehler machen, lernen, neu versuchen: Das ist hier das Prinzip. Ein gutes Klima für innovative Ideen – und für die Natur.

Hintergrund Hier experimentiert man erfolgreich mit dem Schlick aus der nahen Ems, der laut Detlef Stang auch den Geschmack ins Produkt bringt. | **Tipp** Das Ökowerk Emden ist unbedingt einen Ausflug wert, auch für Liebhaber alter Apfelsorten (Mo–Do 7–15.30 Uhr, Fr 7–12.30 Uhr, Eintritt frei; www.oekowerk-emden.de).

53___Der Nationalpark Hamburgs

Kleines Herzstück in der Mitte des Weltnaturerbes

Er war zeitlich der Letzte im Bunde der insgesamt drei Wattenmeer-Nationalparks, die Deutschland in das UNESCO-Weltnaturerbe einbringt: der Nationalpark Hamburgisches Wattenmeer. 1990 wurde er gegründet, als Folge des damaligen verheerenden Seehundsterbens in der Nordsee. Zum Schutz der Seehunde schloss man die Nationalparklücke zwischen Niedersachsen und Schleswig-Holstein und entwickelte das Gebiet in mehr als 30 Jahren erfolgreich zu einer intakten Naturlandschaft, die heute einer ausgesprochen reichen Vogelwelt und seltenen Salzwiesenpflanzen Schutz bietet.

Die mit rund 137 Quadratkilometern kleinste Einheit des Weltnaturerbes liegt zwar vor dem niedersächsischen Cuxhaven in der Elbmündung, doch politisch gehört sie zu Hamburg, das damit neben Wien als einzige europäische Großstadt einen Nationalpark besitzt. Das hanseatische Schutzgebiet befindet sich im Umkreis der Insel Neuwerk mit ihrem weithin sichtbaren Wehr- und Leuchtturm. Er ist über 700 Jahre alt, im normannischen Stil erbaut und das älteste Gebäude Hamburgs. Im Sommer 2020 entschlossen sich die Behörden zu einer mehrjährigen Sanierung des Wahrzeichens, das bis dahin 26 Jahre lang von der Pächterin Antje Götze geführt worden war: ein ganz besonderes Domizil für Übernachtungen.

Neuwerk vorgelagert liegen die beiden Sandinseln Scharhörn und Nigehörn im Wattenmeer. Westlich davon erhebt sich mittlerweile eine besonders hohe Sandbank, die so groß ist wie die drei Inseln zusammen: 600 Hektar. Vielleicht bekommen Hamburg und Nationalparkleiter Klaus Janke bald eine neue Insel. Wer weiß?

Bis zu 100.000 Menschen erreichen im Jahr durch das Watt oder über die Nordsee Neuwerk, das selbst immer weniger Einwohner zählt. 2020 waren es etwa 30. Es gibt zwar noch eine Schule, aber keine Kinder mehr, die sie besuchen.

Hintergrund Auf Neuwerk informiert das Nationalpark-Haus über das Wattenmeer vor der Haustür. Attraktion ist das Tide-Aquarium (Tel. 04721/395349, np-haus@wattenmeer-hamburg.de). | **Tipp** Eine Besonderheit Neuwerks sind die Pferdekutschfahrten durchs Watt (siehe Kapitel 105).

54 Der Nationalpark Niedersachsens

Treff- und Knotenpunkte: die Nationalpark-Häuser

Von Emden bis Cuxhaven, von der westlichsten der Ostfriesischen Inseln, Borkum, und um die Insel Neuwerk herum erstreckt sich das Niedersächsische Wattenmeer. Rund 3.378 Quadratkilometer ist es groß. Das Gebiet mit seiner Inselkette ist bereits seit 1986 als Nationalpark geschützt. Die organisatorische Zentrale ist die Nationalparkverwaltung in Wilhelmshaven, eine Behörde des Landes Niedersachsen. Mit insgesamt 18 Nationalpark-Häusern und Wattenmeer-Besucherzentren (siehe Kapitel 8) ist der Nationalpark auf den Inseln und an der Küste überaus präsent.

Die Informationseinrichtungen unterscheiden sich in Ausrichtung, Größe, Entstehungsgeschichte und Trägerschaft, doch allen gemein ist, dass sie vor Ort die Anlaufstelle für alle sind, die das Wattenmeer kennenlernen und schützen möchten. Sie sind einerseits touristische Ziele, bieten Ausstellungen, Aquarien und Ausflüge an, dazu noch ein reichhaltiges Angebot an Büchern und Broschüren. Anderseits sind sie jedoch auch wichtige Bildungseinrichtungen und Einsatzstellen für ein »Freiwilliges Ökologisches Jahr«.

Die oberste Aufgabe der Nationalparkverwaltung ist es, den Schutz des sensiblen Naturraums zu gewährleisten. »Natur Natur sein lassen«, das ist das Prinzip. Um die Natur vor dem Menschen zu schützen, ist das Areal in drei Zonen aufgeteilt: Nur 0,5 Prozent der gesamten Fläche ist »Erholungszone«, meistens sind das Strände.

Der große Rest ist für die Natur reserviert, als »Zwischenzone« oder »Ruhezone«. Letztere macht 68,5 Prozent der Fläche aus. Hier befinden sich die empfindlichsten Lebensräume des Nationalparks, hier gelten die strengsten Schutzbestimmungen. Für den Menschen reserviert sind die Insel- und Küstenorte, sie gehören nicht zum Nationalpark Wattenmeer.

Info Viele nützliche Informationen über das Niedersächsische Wattenmeer finden sich auf www.nationalpark-wattenmeer.de/nds. | **Hinweis** An diesem Schild mit der Eule beginnt die »Ruhezone« des Nationalparks. Nur auf markierten Wegen darf man hier unterwegs sein.

55 Der Nationalpark Schleswig-Holsteins

Absoluter Publikumsmagnet: das Multimar Wattforum

Hier im Buch ist er dank alphabetischer Sortierung der Letzte in der Reihe, aber chronologisch war er der erste von drei Nationalparks, die das föderalistische Deutschland nach und nach für das Wattenmeer ins Leben gerufen hat: der Nationalpark Schleswig-Holsteinisches Wattenmeer. Er wurde 1985 gegründet und ist mit einer Fläche von 4.410 Quadratkilometern der größte Nationalpark im gesamten Weltnaturerbe Wattenmeer, aber auch zwischen dem Nordkap und Sizilien.

Relativ in der Mitte des lang gestreckten Nationalparkgebiets, in der idyllischen Hafenstadt Tönning an der Eider, befindet sich die Verwaltungszentrale. Seit Juni 2020 hat sie mit Michael Kruse einen neuen Chef, der sich als Dienstleister versteht, »der den Schutz der Natur mit den Interessen von Einheimischen und Urlaubern, Landwirten und Seglern, Krabbenfischern, Wattführern, Wissenschaftlern und vielen anderen in Einklang bringt«. Sie koordiniert und genehmigt etwa Untersuchungen, Projekte und Bauvorhaben oder organisiert länderübergreifende Monitoring-Programme wie Vogel- oder Seehundzählungen.

Anders als in Niedersachsen werden in Schleswig-Holstein die Naturschutzgebiete von Naturschutzverbänden betreut – zum Teil seit Jahrzehnten. Mit sieben Naturschutzverbänden hat die Behörde Betreuungsverträge für 20 Teilgebiete des Nationalparks geschlossen: ein riesiges Netzwerk, das von den hauptamtlichen Rangern der Verwaltung sowie von ehrenamtlichen Nationalpark-Warten ergänzt wird.

Weithin bekannt und das prominenteste Aushängeschild ist das Multimar Wattforum in Tönning. Es ist das Hauptbesucherzentrum des Nationalparks und zieht jährlich bis zu 200.000 Besucher in seinen Bann – mit einer einzigartigen Präsentation der Unterwasserwelt des Wattenmeeres und vielen interaktiven Mitmach-Elementen.

Hintergrund Nicht weit vom Hafen in Tönning mit seinem historischen Packhaus hat der Landesbetrieb für Küstenschutz, Nationalpark und Meeresschutz Schleswig-Holstein seinen Sitz und damit auch die Nationalparkverwaltung als Teil der Behörde (Schloss-garten 1). | **Info** Touristische Angebote, auch vom Nationalpark-Zentrum, gibt es unter Tel. 04861/96200.

56 Die Nationalpark-Guides
Wattführerinnen auf dem Vormarsch: junge Amazonen

Um eine Gruppe durchs Watt zu führen, braucht es auf jeden Fall eine staatliche Genehmigung. Die erteilt die jeweilige Nationalparkverwaltung. In Niedersachsen etwa gibt es dafür zweimal im Jahr Prüfungsgespräche. Damit wollen die Behörden sicherstellen, dass die Wattführer und Wattführerinnen sich gut auskennen in ihrem Gebiet, mit den Strecken vertraut und auf Gefahren und deren Vermeidung gut vorbereitet sind. Darüber hinaus gibt es aber noch weiterführende Qualifikationsprogramme, die die Nationalparkverwaltungen aufgelegt haben und die zum Tragen des Titels »Zertifizierter Nationalparkführer« berechtigen.

Auffällig ist, dass immer mehr junge Menschen sich zum Nationalpark-Guide ausbilden lassen, und auch, dass mittlerweile überraschend viele Frauen dabei sind. Das war früher undenkbar, dominierten eher männlich herbe Charaktere die Szene. Heute kann es einem schon mal passieren, dass man auf der Fähre plötzlich neben drei Wattführerinnen sitzt. Eine von ihnen ist Julia Kobsch, Anfang 30, die Prüfung frisch bestanden. Bei ihr liegt es in der Familie – auch ihr Vater ist Wattführer. Sie hat gerade als neue Inhaberin die Leitung der »Wunderwelt Watt« übernommen, die im Raum Cuxhaven unter den Anbietern von Wattwanderungen eine feste Größe ist.

Dabei handelt es sich um einen ganz speziellen Teil des Wattenmeeres, denn vor Duhnen und Sahlenburg wird man automatisch zum Grenzgänger zwischen niedersächsischem und hamburgischem Nationalpark. Einzigartig ist aber noch etwas anderes: Hier ist Pferdeland, nur hier gibt es geführte Wattritte, die man buchen kann. Kombinierte Ausritte durch Watt und Heide sind im Angebot oder Ausflüge zu Pferde, die den Küstensaum entlangführen. Besonders reizvoll ist eine Tour durch das Watt bis hinüber nach Neuwerk, der zu Hamburg gehörenden Insel. Dort wird übernachtet, bevor es bei der nächsten Ebbe auf dem Pferderücken wieder zurückgeht.

Hintergrund Gut zu Fuß muss man in aller Regel sein, wenn man als Nationalpark-Guide durch das Wattenmeer führt – und ohne Grabegabel geht gar nichts. | Tipp Durchs Watt reiten lässt es sich am besten am Wattenmeer bei Cuxhaven (www.wattwandernneuwerk.de).

57 Die Nordfriesischen Inseln

Was vom Festland übrig blieb: einzigartige Halligen

Wie das südliche, so bezaubert auch das nördliche Wattenmeer durch eine großartige Inselwelt. Doch vor der Küste von Schleswig-Holstein und Dänemark zeigt sich keine lange schmale Inselkette wie vor den Niederlanden und Niedersachsen. Hier ist es eher ein Archipel aus vielen verstreuten Eilanden, das sich oberhalb des großen Mündungsdeltas von Elbe und Eider, von Dithmarschen und der Halbinsel Eiderstedt erstreckt. Der Grund liegt in einer vollkommen anderen geologischen Entwicklungsgeschichte: Während die West- und Ostfriesischen Inseln aus Ablagerungen von Sand als Schwemminseln entstanden, sind die Nordfriesischen Inseln übrig gebliebene Reste vom ehemaligen Festland: Sie sind Marscheninseln.

Die Nordsee drückte und riss vor vielen tausend Jahren gewaltig an der nordfriesischen Küste. Das Land wich zurück. Das feine Material dieser Erosionen wurde von der Strömung dabei stetig seitwärts transportiert. So bildeten sich entlang der Transportbahnen Strandwälle aus Sand. Auch bei Sylt, wo das Kliff vom Meer angefressen wurde, lagerte sich erodiertes Material an der Sylter Nehrung ab, vor allem an den die Insel allmählich verlängernden Haken nördlich von List und südlich von Hörnum. Ähnliche Prozesse spielten sich auch auf Amrum und an der Düne von St. Peter-Ording ab.

Einzigartig im nordfriesischen Wattenmeer sind die Halligen. Zehn gibt es insgesamt, fünf von ihnen – Oland, Langeneß, Gröde, Hooge und Nordstrandischmoor – sind bewohnt. Die wenigen Bewohner eint der ständige Kampf mit den Elementen.

Halligen besitzen keine Deiche. Zum Schutz vor der Nordsee liegen daher die Höfe der Inseln höher. Sie befinden sich ganz oben auf künstlich aufgeworfenen Erdhügeln, den Warften. Bei Sturmfluten sind sie das Einzige, was noch aus dem tobenden Meer herausragt, das Umland ist dann komplett vom Wasser überschwemmt.

Tipp Mit einer geführten Wattwanderung gelangt man auch auf die (nahezu) unbewohnten Halligen Norderoog, Süderoog und Südfall. | Hinweis Auf der kleinsten Hallig, der Hallig Habel, ist der Zutritt komplett verboten, zur Hamburger Hallig kommt man über einen auch mit dem Auto befahrbaren Damm.

58 Die Nordseegarnele

Besser bekannt als »Krabbe«, aber das ist falsch!

Mit den Namen ist es bei den Meeresfrüchten manchmal so eine Sache. Nordseegarnelen werden beispielsweise selten mit ihrem richtigen Namen benannt. »Granat« heißen sie bei den Ostfriesen, »Porre« bei den Nordfriesen. Als »Krabbe« wird die Nordseegarnele im Fischladen angeboten. Allerdings steckt im »Krabbenbrötchen« garantiert keine einzige echte Krabbe. Dieser Name bezeichnet nämlich Krebse mit breitem, flachem Panzer, wie die Strandkrabbe (siehe Kapitel 93). Wenn man das Wort »Krabbe« im Wattenmeer verwendet, sollte man daher immer unterscheiden, ob es um echte Krabben oder um Speisekrabben geht.

Die Nordseegarnele *(Crangon crangon)* gehört zur Gruppe der Zehnfußkrebse, wie auch der Hummer. Sie hat im Wasser eine gräulich durchscheinende Farbe und erreicht nach einem Jahr sieben Zentimeter Länge. Sie kann aber theoretisch drei bis fünf Jahre alt und elf Zentimeter lang werden. Garnelen sind nur in der warmen Jahreszeit im Wattenmeer anzutreffen, im Herbst wandern sie ins Tiefwasser ab.

Ab dem Spätsommer ist der Nachwuchs des Frühjahrs auf Fanggröße herangewachsen, dann gibt es die dicksten Krabben, ist der gegliederte und muskulöse Hinterkörper besonders fleischig. Sie werden direkt nach dem Fang an Bord des Kutters in Salzwasser gekocht. Dadurch erhält das Fleisch seine rosa Farbe.

Im Wattenmeer fangen die Fischer sie am besten bei Springtide, wenn Voll- oder Neumond ist. Das Wasser muss ein wenig braun und aufgeschwemmt sein. Denn die Nordseegarnele ist sehr vorsichtig, gräbt sich bei Gefahr tief in den Sand ein. Am Tag traut sie sich nur bei trübem Wasser aus ihrem Versteck. Am liebsten ist sie nachts unterwegs. Zudem vermehrt sie sich auch noch so enorm schnell, dass sie die einzige Fischart ist, für die es keine jährlichen Fangquoten gibt. Ihr Bestand wird über die Länge der genehmigten Fangzeit gesteuert, in der ein Fischer seine Netze ausfahren darf.

Hintergrund Viele Nordseegarnelen tummeln sich im Wattenmeer. Gepult werden sie meist im Niedriglohnland Marokko und dann nicht sehr nachhaltig wieder nach Deutschland zurücktransportiert. | **Tipp** Kaufen Sie sich Ihre Krabben direkt vom Kutter und üben Sie selbst das »Krabbenpulen«. So schwer ist es gar nicht!

59 Die optimale Ausrüstung

Vorausdenken: sauber und trocken wieder zurück

Für einen kleinen Ausflug ins Watt oder einen Spaziergang im Schlick vor der Deichlinie stellt sich die Frage noch nicht. Aber spätestens wenn man eine der längeren Wattwanderungen – etwa zu den Inseln – in Angriff nimmt, muss man sich Gedanken machen: Was nehme ich mit? Was ziehe ich an? Denn ob ein Ausflug in das weite Wattenmeer in positiver Erinnerung bleibt, hängt zum guten Teil vom richtigen Schuhwerk (siehe Kapitel 72) und der Ausrüstung ab. Dabei gilt es, alles für die eigentliche Wattwanderung vorzubereiten, aber gleichzeitig auch bereits an den Rückweg zu denken. Den sollte man möglichst sauber, in trockener Kleidung und mit gestilltem Durst und Hunger antreten.

Im Watt wird man dreckig und schmutzig – wenn man Pech hat und sich hinlegt, sogar mit kostenloser Ganzkörper-Schlickpackung. Das ist aber eher die Ausnahme. In aller Regel sitzt der meiste Dreck und Schlamm an der unteren Wade, ein paar Spritzflecken schaffen es hinauf bis zu Brust und Armen. Nahezu auf jeder Insel stehen Fußduschen für Wattwanderer bereit, sodass man sich nach der Tour sauber machen und bei Bedarf auch umziehen kann.

Daher ist es extrem wichtig, einen Beutel für die dreckigen Sachen mitzunehmen, für Schuhe und Socken. Aber auch an Ersatz für all das nasse und schmutzige Zeug ist zu denken. Neben einem Handtuch gehört Wechselkleidung daher immer zur Ausrüstung dazu: trockene Socken, saubere Schuhe, auch eine zweite Unterhose, falls es auf dem Weg durch tiefe Priele geht. Obenherum sollte man ein verschwitztes Shirt durch ein trockenes ersetzen können.

Dann hängt natürlich vieles von der Jahreszeit und der Witterung ab. Während man sich im Sommer mit Cremes und Hüten vor der Sonne schützt, packt man sich im Herbst und Winter in Regenjacken, Pullover und Mützen ein. Ein Rucksack ist auf jeden Fall immer mit dabei, wie auch eine Flasche Wasser, ein Brot oder ein Müsliriegel.

Hintergrund Ohne Rucksack geht im Wattenmeer gar nichts. Wattführer tragen in ihnen auch eine umfangreiche Ausrüstung für Notfälle mit sich, so etwa Signalraketen und Sicherheitsleinen. | **Hinweis** Niemals allein eine Wattwanderung machen, die weit von der Küste wegführt!

60 Der Ostatlantische Vogelzug

Raststätte Wattenmeer: die globale Drehscheibe

Dass Vögel ziehen, ist eine noch recht junge Erkenntnis. Im Mittelalter glaubte man, Schwalben würden im Teichschlamm überwintern. 1822 fand man einen Storch mit einem Pfeil im Hals – zur großen Überraschung stammte dieser Pfeil aus dem fernen Afrika. Der erste Zugvogel war entdeckt und die Neugier der Wissenschaft geweckt. Der weltweite Vogelzug fasziniert bis heute, und das Wattenmeer spielt eine entscheidende Rolle in diesem so perfekt von der Natur choreografierten Luftverkehr.

Zwölf Millionen Vögel besuchen jedes Jahr die nahrhaften Küsten der Nordsee. Hier rasten sie und fressen, fressen, fressen! In der amphibischen Landschaft an den Küsten der Niederlande, Deutschlands und Dänemarks finden sie ein wahres Paradies, um sich den Bauch mit Würmern, Krebsen, Muscheln und Fischen vollzuschlagen. Sie brauchen Fettreserven für den langen Flug, der sie zu ihren Winter- oder Brutquartieren in Südafrika oder Sibirien weiterführt. Das Wattenmeer ist die zentrale Drehscheibe des großen Trecks, der sich jedes Jahr wieder aufs Neue in Bewegung setzt. Zum Überwintern geht es immer entlang der Küsten des östlichen Atlantiks: vom Wattenmeer die französische Atlantikküste entlang, hinunter nach Portugal und Spanien, hinüber über die Meerenge von Gibraltar nach Afrika, über Mauretanien teils bis hinunter nach Südafrika – und im Frühjahr dann wieder zurück.

Der Ostatlantische Vogelzug ist eine der ganz großen Routen im internationalen Flugverkehr der Zugvögel, und er sichert den Bestand vieler Dutzend Vogelarten. Dies war einer der entscheidenden Gründe für die UNESCO, das Wattenmeer zum Weltnaturerbe zu ernennen. Der Nationalpark Niedersächsisches Wattenmeer feiert dieses Spektakel der Natur jeden Herbst mit seinen »Zugvogeltagen« (siehe Kapitel 110), die mittlerweile ein echter Klassiker sind.

Hintergrund Vögel kennen keine Grenzen, und so hat sich auch die Vogelforschung international organisiert, um die national gesammelten Daten an zentraler Stelle zusammenzuführen: EURING heißt diese Organisation mit Sitz beim »British Trust for Ornithology«. | **Info** Noch viel mehr aus der Welt der Vogelberinger lässt sich auf der Website www.euring.org erfahren.

61 Die Ostfriesischen Inseln

Natürliche Barriere und ein Schutz für das Festland

Vor dem Watt an der west- und ostfriesischen Küste erstreckt sich eine lange Kette aus kleinen Inseln. Wie Perlen auf einer Schnur liegen die Strandparadiese vor den Niederlanden und Deutschland. Ob Texel ganz im Westen des Wattenmeeres oder Wangerooge im Osten der ostfriesischen Halbinsel – sie haben alle eine gemeinsame Geschichte. Wie ihre westlichen Nachbarn sind auch die Ostfriesischen Inseln geologisch gesehen noch sehr jung. Sie sind vor etwa 2.500 Jahren entstanden und nichts anderes als flüchtige Gebilde aus Sand, den das Meer vor die Küste spülte.

Dort, wo der zweimal täglich auflaufende Flutstrom den Ebbstrom überrannte, bildeten sich mächtige Riffe. So bildeten sich beim ewigen Hin und Her des Wassers einige Kilometer vor der Festlandküste Strandwälle, die von hoch spezialisierten Pionierpflanzen besiedelt und befestigt wurden. Aus dem Schwemmland wurden Dünen, Salzwiesen, Pflanzendecken – und schließlich feste Inseln.

Bis heute sorgt die vorherrschende Nord-West-Richtung von Wind und Gezeitenströmen auch dafür, dass die Ostfriesischen Inseln immer weiter nach Osten wandern. Das Wandern der Inseln entsteht dadurch, dass die Landmassen durch die Macht der Brandung im Westen abgetragen und an den östlichen Rändern durch Wind und Wellen dann wieder angeweht und angespült werden.

Dieser Vorgang gibt den kleinen Eilanden auch ihr typisches Aussehen, das ganz häufig einer lang gestreckten Sichel ähnelt, die ihren runden Bogen nach Westen ausrichtet. Besonders weit nach rechts gewandert ist Baltrum: Vor etwa 350 Jahren befand sich die kleinste der Ostfriesischen Inseln an der Stelle, wo heute das Ostende von Norderney liegt und sich die Seehunde räkeln.

Die lange Inselkette ist ein Wellenbrecher, eine natürliche Barriere: Sie ist Wellen, Wind und Gezeiten selbst extrem ausgesetzt, schützt bei Sturmfluten gleichzeitig aber das Watt und das Festland dahinter.

Hintergrund Nur die bewohnten sieben Eilande werden zu den Ostfriesischen Inseln gezählt. Von Ost nach West sind das: Wangerooge, Spiekeroog, Langeoog, Baltrum, Norderney, Juist und Borkum. | **Tipp** Merken kann man sich das mit diesem Spruch, dessen Worte mit exakt den gleichen Buchstaben anfangen wie die Inselnamen: »**W**as **s**aufen **l**ustige **B**urschen **n**achts? **J**ever **B**ier!«

62 Die Pantoffelschnecke

Hohe Kunst: die transsexuellen Geschlechtertürme

Bei der Pantoffelschnecke handelt es sich um eine relativ untypische Schneckenart des Wattenmeeres, denn ihr fehlt die Spiralwindung des Gehäuses. Bei dem seltsam geformten Weichtier sieht das Äußere ein bisschen aus wie ein runder Pantoffel, in dessen eine Hälfte man hineinschlüpfen kann. Und tatsächlich bedeutet der Artname der Pantoffelschnecke *Crepidula fornicata* übersetzt auch »gewölbter kleiner Schuh«.

Die Pantoffelschnecke tritt im Watt nicht sonderlich spektakulär in Erscheinung: Von graubrauner Farbe, ist sie selten mehr als vier Zentimeter lang. Die invasive Art wurde 1880 von der amerikanischen Ostküste in die Nordsee verschleppt, hat das ost- und nordfriesische Wattenmeer in den 1930er Jahren erreicht und ist seitdem hier zu Hause. Sie ist wie die Muschel und die Auster ein Filtrierer und wird von Muschelzüchtern nicht gern in der Nähe ihrer Tiere gesehen, da sie ihnen das Plankton wegschnappt.

Dennoch ist die Pantoffelschnecke ein ganz besonderes Tier. Das hat mit ihrer außergewöhnlichen Vermehrung zu tun: Die Jungtiere der Pantoffelschnecke sind zunächst alle männlich. Für das »erste Mal« suchen sie sich eine sesshafte Partnerin ab 1,5 Zentimetern Größe, auf deren Gehäuse sie klettern. Sie ziehen quasi direkt bei ihr ein.

Nach ein bis zwei Jahren als Ehemann wandeln sich die Hoden der wachsenden Schnecken innerhalb von zwei Monaten in Eierstöcke um – das Männchen wird zum Weibchen! Weitere junge Männer sind inzwischen hinaufgeklettert, und so entsteht nach und nach ein gebogener Turm aus bis zu 15 Pantoffelschnecken: Unten sitzen die großen Weibchen, oben die kleinen Männchen. Dabei können weibliche Pantoffelschnecken Sperma speichern und erst Monate später zur Befruchtung verwenden, wenn die Vaterschnecke möglicherweise schon zum Weibchen mutiert ist. Die Nachkommen haben dann zwei Mütter aus einer polygamen Trans-Homo-Ehe …

Hintergrund Warten auf das Männchen: Eine weibliche Pantoffelschnecke noch ohne Aufbau, dafür mit kräftigem Saugfuß an der Unterseite – das gibt später Halt und Stabilität. | **Info** Die »Schneckenstapel« sind am Ende ganz schön krumme Dinger und berühren als halbkreisförmiges Gebilde wieder den Erdboden.

63 Das Partnerschaftszentrum

Teambuilding: der »TWWP«-Neubau in Wilhelmshaven

Das »Trilaterale Weltnaturerbe Wattenmeer-Partnerschaftszentrum«, abgekürzt TWWP, ist die neue Schaltzentrale der internationalen Zusammenarbeit in der gesamten Wattenmeerregion. Der Neubau ist ein Leuchtturmprojekt der Stadt Wilhelmshaven. Auch für das »Gemeinsame Wattenmeersekretariat« (»Common Wadden See Secretariat«, CWSS) wird damit ein neues Zeitalter eingeläutet. Das trilaterale Gremium (siehe Kapitel 96) ist zuständig für die grenzübergreifende Koordination der Wattenmeer-Aktivitäten zwischen den Niederlanden, Deutschland und Dänemark sowie für das Management des Weltnaturerbes Wattenmeer gemäß der UNESCO-Konvention.

Mit dem TWWP hat es auch das ideale Domizil für seinen »Partnership-Hub« gefunden. Dieser spielt eine zentrale strategische Rolle für die Weiterentwicklung der Wattenmeerregion. In ihm kommen Umweltverbände, Wirtschaft, Tourismus, Umweltbildungsträger und Forschung zusammen, tauschen sich aus, lernen voneinander, planen gemeinsam. Es ist vor allen Dingen ein Instrument, um das trilaterale Netzwerk jenseits der staatlichen Zusammenarbeit zu verdichten und zu erweitern und alle Akteure in den drei Ländern unter dem Dach der Marke »Weltnaturerbe Wattenmeer« zu vereinen.

Ein architektonisches Highlight ist das TWWP auf jeden Fall. Aus einem europaweit ausgelobten Architektenwettbewerb ging der Entwurf der dänischen Architektin Dorte Mandrup einstimmig als Sieger unter 14 renommierten Büros hervor. Ihr gelang es am überzeugendsten, den vorhandenen Hochbunker aus dem Zweiten Weltkrieg zu integrieren. Sie kontrastierte ihn mit einem überdimensionierten Glaswürfel – eine Hülle, die ihm fast schon übergeworfen scheint, so leicht und transparent wirkt sie. Von Weitem spiegeln sich in der filigranen Fassade der Himmel und das Wasser vom nahen Jadebusen. So dynamisch wie das Wattenmeer präsentiert sich der elegant klare »Cube« des TWWPs dem Betrachter.

Hintergrund Ein Bunker der ehemaligen Kasernenanlage am Banter See – hier ein Bild von 2020 – bildet das Herz des neuen TWWPs in Wilhelmshaven. Darüber erhebt sich ein überdimensionierter Kubus aus Glas. | **Info** Ab 2022 wird hier das »Gemeinsame Wattenmeersekretariat«, CWSS, zusammen mit dem Nationalpark Niedersächsisches Wattenmeer und vielen anderen Wattenmeerorganisationen seinen Sitz haben.

64 Die Pazifische Auster

Invasion oder französische Noblesse an der Nordsee

Die Pazifische Auster *(Magallana gigas)* gehört eigentlich nicht in die Nordsee. Sie ist eine invasive Art, die ursprünglich an den Küsten Japans und Chinas ihre Heimat hatte. Als Zuchtauster gelangte sie in viele Teile der Welt. 1964 wurde sie auch in der Oosterschelde in den Niederlanden ausgesetzt, von wo sie sich Richtung Osten ausbreitete, 1991 wurde sie zum ersten Mal im Wattenmeer beobachtet. 1985 begann eine Ausbreitung von der Austernzucht bei Sylt. Um 2005 war die gesamte deutsche Küste besiedelt, und die Invasion der fremden Art setzt sich immer noch fort. Hafenmauern, Miesmuschelbänke und neuerdings auch der Boden tieferer Priele werden von Milliarden der scharfkantigen Schalentiere kolonisiert. Bei 19 Grad Wassertemperatur laicht die Auster, was ihr die Nordsee in Zeiten von Global Warming sommers bieten kann. Austernbänke sind mittlerweile bei Wanderungen durchs Watt häufig anzutreffen.

Austernsammeln ist im Wattenmeer mit Beschränkungen erlaubt. Wer für den Eigenbedarf mit der Hand seine Beute macht und einen Angelschein hat, der muss nicht befürchten, gegen gesetzliche Auflagen zu verstoßen. Und wer sich davor ekelt, Austern roh und damit noch lebend zu schlürfen, kann Backofen oder Bratpfanne bemühen: Die Austern in der Schale garen, dazu Knoblauch, Baguette, Butter und ein leckerer Crémant gereicht – das ist französische Noblesse an der Nordsee.

Austern waren noch im 19. Jahrhundert ausgesprochen beliebt auch in der Arbeiterklasse. Als die Europäische Auster *(Ostrea edulis)* um 1930 durch die Überfischung im Wattenmeer ausstarb, wurde die Muschelart zum Luxusgut einer Oberschicht. Die Europäische Auster soll nach dem Willen von Forschern und Behörden bald wieder in die Nordsee zurückkehren. Es laufen verschiedene Tests für die Ansiedlung von Austernriffs der heimischen Europäischen Auster – und die gehört hier ja eigentlich auch hin.

Hintergrund Die wild lebende Pazifische Auster wird acht bis 30 Zentimeter groß. Die berühmte »Sylter Royal« ist ein Markenname, unter dem eine Zuchtauster der gleichen Art angeboten wird. | **Tipp** Eine kommerzielle Nutzung der Austernfunde in den Nationalparks des Wattenmeeres ist in Deutschland verboten. In Dänemark gibt es spezielle Gourmet-Wattwanderungen – Austernessen inklusive.

65 Die Pfahlbauten im Wasser

St. Peter-Ording: Das Meer ergreift die Hochsitze

Der Klimawandel und der dadurch ausgelöste Anstieg der weltweiten Meeresspiegel sind längst an der Nordsee angekommen. Davon betroffen sind mittlerweile auch die berühmten Pfahlbauten von St. Peter-Ording. Denn die Wasserkante kommt dort jedes Jahr sechs Meter näher an den Strand, der zunehmend schmaler wird. Während die in einem riesigen Pfahlbau untergebrachte Strandbar »54 Grad Nord« vor einigen Jahren noch im Spülsaum des Meeres zwischen Muscheln und Algen stand, befindet sie sich nun weit draußen im Meer. Ihr steht das Wasser quasi bis zum Hals.

Sie ist einer der fünf großen charakteristischen Pfahlbauten von SPO, wie den beliebten Badeort jeder kurz nennt. Seit mehr als 100 Jahren stehen manche von ihnen bereits am Traumstrand und trotzen dem »Blanken Hans«. Was Sturmfluten nicht geschafft haben, passiert nun ganz still und leise, dafür stetig am Fuß der hohen Stelzenbauten. Die Tourismusverantwortlichen von SPO haben reagiert und mit dem Neubau einiger Pfahlbauten in hinteren Bereichen des Strandes begonnen. Vom Abriss und von der Verlegung betroffen waren zuerst Gebäude für die Strandaufsicht und sanitäre Pfahlanlagen am Ordinger Strand. Von den insgesamt 15 markanten Hütten sollen erst einmal elf stehen bleiben können.

Das ist nicht nur aus sentimentalen Gründen eine frohe Botschaft, sondern auch aus logistischen. Denn wie zu den Anfangszeiten, als die erste »Giftbude« 1911 hier auf Pfählen errichtet wurde, sind sie zentrale Orte der Versorgung am breiten Strand, wo der Weg zurück in den Ort manchmal weit ist: Da »gift wat« heißt es bis heute. Da gibt es vor allen Dingen ein großes gastronomisches Angebot für jeden Geschmack. Hier kann man sich erfrischen, auf die Toilette gehen, einen Strandkorb leihen. An jeder der fünf Hauptbadestellen am Strand erhebt sich eine Gruppe dieser einmaligen Pfahlbauten.

Hintergrund St. Peter-Ording ist nicht nur berühmt für seine Pfahlbauten, sondern auch für seinen riesigen Sandstrand und die Dünen direkt am Meer. Fast wie auf einer Insel – einmalig an der Festlandküste der Nordsee. | **Tipp** Sportarten wie Strandsegeln und Kitebuggyfahren sind hier zu Hause. Die haben besonders im Herbst Saison.

66__Die Pfeffermuschel

Mit Staubsauger und Grabefuß tief unten zu Hause

Im Schlickwatt fühlt sie sich so richtig wohl und kommt auch recht häufig vor: die Pfeffermuschel *(Scrobicularia plana)*. Sie gräbt sich in aller Regel bis zu zehn Zentimeter tief in den Boden ein. Ihren würzigen Namen hat sie tatsächlich von dem pfeffrig-scharfen Geschmack, den sie am Gaumen hinterlässt. Sie hat zwei bis zu fünf Zentimeter große Muschelschalen, die relativ dünn und rundlich geformt sind. Eigentlich ist die Farbe der Schalen weiß, doch durch den Schlickboden können sie auch graublau bis tiefschwarz verfärbt sein. Wie die meisten Muscheln ernährt sich auch die Pfeffermuschel von Plankton, das sie filtrierend aus dem Meerwasser entnimmt.

Sie hat aber noch eine zweite, ganz besondere Technik entwickelt: Dazu besitzt sie zwei kräftige Saugrohre, die sogenannten Siphonen. Das Einsaugrohr ist beweglich und bis zu 30 Zentimeter lang. Dieses schiebt sie rund um ihren Standort über den Meeresboden und saugt den nahrhaften, ganz frischen Schlick ein. Dieses Verfahren nennt man im Fachjargon Pipettieren.

Dabei entstehen auf dem Wattboden sternförmige Muster, anhand derer man Pfeffermuscheln bei einer Wattwanderung sehr leicht von oben orten kann. Die Reste der Mahlzeit spuckt sie als kleine Schlickfontäne über den anderen Sipho weit ins Wasser hinaus, damit die Strömung den Schlick fortspült und sie ihn bei der nächsten Pipettierrunde nicht gleich wieder einsaugt. Das Staubsauger-Prinzip der Pfeffermuschel setzen auch andere Arten erfolgreich ein, wie etwa die Platt- und Tellmuscheln.

Sehr lebendig zeigt sich die Pfeffermuschel auch, wenn man sie aus ihrer Komfortzone unten im Watt holt und ausbuddelt. Dann dauert es nur kurz, und schon hat sie ihren muskulösen Grabefuß ausgefahren. Wenn man sie nun auf den Schlick legt, gräbt sie sich kraftvoll wieder ein, und ehe man sich versieht, ist sie unter der Wattoberfläche verschwunden und muss nicht mehr fürchten, Opfer ihrer Fressfeinde zu werden.

Hintergrund Im Längsschnitt durch den Schlick gut erkennbar: die beiden Siphonen der Pfeffermuschel. Auch der ausgefahrene Grabefuß ist unten gut zu sehen. | **Tipp** Suchen Sie im Watt einmal ganz gezielt nach sternartigen Furchen im Boden. Darunter ist immer eine Pfeffermuschel zu finden. Garantiert.

67__Die Pferderennen

Spritztour: im Sulky und Galopp durch das Watt

Das gibt es wohl auch nur am Wattenmeer: rasend schnelle Pferderennen, die direkt am Meeressaum entlangführen. Live erleben kann man dieses Spektakel in Hooksiel, nördlich von Wilhelmshaven, oder in Duhnen, einem Stadtteil von Cuxhaven.

Direkt hinter dem Nordsee-Deich befindet sich die »Jaderennbahn« von Hooksiel. Hier werden seit 1982 Trabrennen auf hohem Niveau veranstaltet. Regelmäßig sind berühmte Pferde, Fahrer und Jockeys aus ganz Deutschland am Start. Der »Hooksieler Rennverein« hat noch eine Besonderheit: Die großen Rennen finden nicht am Wochenende statt, sondern mittwochabends. Dieser außergewöhnliche Termin feierte 1990 Premiere und ist seitdem das Markenzeichen der Rennserie. Im Sommer stehen regelmäßig – oft mehrere Wochen hintereinander – Renntage auf dem Programm. Weit über 100 waren es in den vergangenen 40 Jahren. Die »Hooksieler Renntage« sind eine Attraktion im Wangerland, zu denen Einheimische wie viele Feriengäste auf der Naturtribüne am Deich Platz nehmen.

Besonders spritzig geht es beim »Duhner Wattrennen« in Cuxhaven zu. Hier ist das Zuchtgebiet der berühmten Hannoveraner, und hier wird jährlich vor imposanter Kulisse ein Turf-Spektakel aufgeführt, das seinesgleichen sucht. Im Wechsel kämpfen Traber in Sulkys und rasend schnelle Galopper um Platz und Sieg auf dem nassen Wattboden, während hinter ihnen die Containerschiffe und Ozeanriesen ihre Bahnen ziehen. Das »Pferderennen auf dem Meeresgrund« wird seit 1902 im Wattenmeer vor Duhnen ausgetragen und zählt international zu den skurrilsten Traditionsveranstaltungen, über die Medien im In- und Ausland berichten. Mit einem »Bügeltrunk« geht es um neun Uhr los, gestartet wird, wenn die Ebbe das Watt freigegeben hat: alle 30 Minuten ein Rennen. Diesen Spaß gönnen sich jedes Jahr Tausende von Besuchern, die ihr Glück auch in spannenden Pferdewetten suchen.

Hintergrund An den »Hooksieler Renntagen«, einer ganzen Rennserie, geht es auch im Sulky durch das Wattenmeer. Das »Duhner Wattrennen« ist ein einziger Renntag mit riesigem Spektakel und Rahmenprogramm. **| Info** Details zum Programm finden sich auf www.hooksieler-rennverein.de und www.duhner-wattrennen.de.

68__Die Pfuhlschnepfe
Langstreckenrekord eines bedrohten Zugvogels

Neun Tage hat sie gebraucht, ohne Pause ist sie von Alaska nach Neuseeland durchgeflogen. Das sind sagenhafte 12.200 Kilometer, und es ist der längste jemals gemessene Nonstop-Flug eines Zugvogels. Der Streckenrekord stammt vom September 2020 und wird gehalten von einer Pfuhlschnepfe *(Limosa lapponica)*. Sie war mit einem kleinen Satellitensender ausgerüstet, sodass sie nachweislich keine kurze Zwischenlandung eingelegt hat und unterwegs etwa den Verlockungen der Südsee erlegen wäre.

Auch die Pfuhlschnepfen des Wattenmeeres sind ausdauernde Langstreckenzieher. Jedenfalls wenn sie zu dem Teil der Population gehören, die in Sibirien brütet und nach einer Rast an der Nordsee zu den Winterquartieren in West- und Südafrika weiterfliegt. Das sind pro Strecke immerhin 8.000 bis 10.000 Flug-Kilometer, die sie jede Saison zweimal absolvieren.

Doch für die fliegenden Extremsportler werden die Zeiten immer schwieriger. Denn der Klimawandel bringt die rund 60.000 Pfuhlschnepfen am Wattenmeer in Zeitnot. Der Frühling tritt in der Arktis immer früher ein, sodass auch die dort brütenden Pfuhlschnepfen immer früher losziehen müssen, um ihrem Nachwuchs die Insektenlarven anbieten zu können, die auf der Taimyrhalbinsel nördlich des Polarkreises dann in rauen Mengen schlüpfen.

Daher bleibt den Zugvögeln immer weniger Zeit, um nach der Ankunft aus Afrika im Watt ausreichend Nahrung für den Weiterflug aufzunehmen. Die Rastdauer der Pfuhlschnepfen im Wattenmeer hat sich laut niederländischen Forschern in den vergangenen 20 Jahren um 16 Prozent reduziert. Schon jetzt sterben deutlich mehr Vögel als früher auf dem kräftezehrenden Langstreckenflug in die arktische Tundra. 2015 wurde die Pfuhlschnepfe als weltweit bestandsgefährdet in die »Internationale Rote Liste« aufgenommen. Die rasante Erwärmung der Arktis bringt sie wie viele nordische Zugvogelarten in massive Bedrängnis.

69___Der Plastikmüll am Strand

Forschen und sammeln: praktizierter Umweltschutz

Es ist ein weltweites Problem, nicht nur an der Nordseeküste: Gigantische Mengen Plastik verschmutzen die Weltmeere. Schätzungen gehen von 150 Millionen Tonnen aus. Auch an den Stränden der Nordsee und des Wattenmeeres beobachtet man diese Entwicklung schon seit Langem. Der »Mellumrat« (siehe Kapitel 100) war einer der ersten Umweltverbände, der dies bereits in den 1990er Jahren durch Strandmüllerfassungen systematisch festhielt.

Für Spannung sorgte ein großer Feldversuch: Über einen Zeitraum von zweieinhalb Jahren, vom Herbst 2016 bis zum Frühjahr 2019, wurden regelmäßig kleine Holzdrifter in der Nordsee vor den Ostfriesischen Inseln ausgesetzt. Unglaubliche 63.400! Geholfen haben dem Mellumrat bei diesem »Citizen-Science-Projekt« viele Bürger, die an 15 Stellen entlang der niedersächsischen Küste, an den Flüssen Ems, Weser und Elbe sowie in der offenen Nordsee mehrmals im Jahr die gekennzeichneten kleinen Holzplatten zu Wasser ließen. Die Forscher konnten bei der Auswertung für die Ostfriesischen Inseln Mellum, Minsener Oog und Wangerooge feststellen, dass der meiste Müll aus der eigenen Gegend – auf der Minsener Oog und auf Mellum vom gegenüberliegenden Schillig – kam, aber auch, dass die küstenparallele Westströmung eine Rolle spielte, wie viele Funde aus Langeoog zeigten, die auf Wangerooge andrifteten.

So genau wollen es die meisten gar nicht wissen, die bei Strandmüllaktionen ehrenamtlich sammeln helfen. Sei es auf Amrum oder auf anderen Wattenmeerinseln: Viele Hände befreien mehrmals im Jahr den Strand von Plastikverschlüssen, Styroporteilen, Verpackungsresten oder Etiketten. Zudem gibt es Strandmüll-Boxen, die jeder jeden Tag mit Funden füllen kann. Nicht nur für die Menschen, besonders für die Tierwelt ist das überlebenswichtig.

Gefährlichen Müll können auch Frachter nach Havarien hinterlassen, der von den Behörden kostspielig entsorgt werden muss.

Hintergrund Dünne Plastikfäden, die in der Fischerei verwendet werden, sind eine große Gefahr für die Vögel, die sich darin verstricken und elendig verenden. | **Tipp** Für kleine Wissenschaftler wurde im niedersächsischen Nationalpark eine »Meeresmüll-Forscherbox« für die Umweltbildung des Nachwuchses entwickelt. Zudem gibt es jährlich spezielle Plastik-Aktionswochen.

70   Die Postkutschenfahrt

Mit der »Wattenpost« im Liniendienst nach Norderney

Norderney liegt bis heute von allen Ostfriesischen Inseln am nächsten zum Festland. An der schmalsten Stelle, östlich des Leuchtturms, beträgt die Entfernung zur Küste gegenüber lediglich vier Kilometer. Der Weg durchs trockenliegende Sandwatt war daher über Jahrhunderte die wichtigste Verbindung der Insulaner. Auch den ersten Touristen konnte man für die Überfahrt einen einzigartigen Service bieten: Mit der Postkutsche ging es mitten durchs Wattenmeer!

Denn vor 200 Jahren war eine Anreise über Wasser noch ein kleines Abenteuer, auch das Umsteigen vom schwankenden Segelschiff auf ein Pferdefuhrwerk fürchteten manche. Der Landweg nach Norderney war für viele Reisende die bessere Alternative, ihnen wurde eine Fahrt mit der »Wattenpost« empfohlen. Seit 1822 verkehrte diese im Liniendienst täglich von Norden über Hage nach Hilgenriedersiel und von dort durch das Watt zur Poststation von Norderney. Auf der Insel zeugen heute noch die Postbake im Osten sowie die Straße Alter Postweg von der historischen Route.

Die Fahrt mit der Postkutsche dauerte insgesamt ungefähr vier Stunden, die reine Fahrzeit durch das Watt betrug etwa eine Stunde. Auch private Fuhrwerke und Droschken nahmen diesen Weg, allesamt begleitet von einem »Strand- oder Wattvogt« als Wattführer. Die Fahrt zu Pferde war nicht ganz ungefährlich und erforderte vom Kutscher genaue Kenntnisse von Watt, Gezeiten und Wasserständen: Immer wieder kamen die Kutschen wegen des Nebels vom Weg ab oder wurden von der Flut überrascht.

Die Zahl der Gäste, die sich für eine Fahrt mit der Postkutsche entschieden, nahm mit dem Aufkommen der Dampfschiffe dann stetig ab: 1873 waren es nur noch 400 Personen. Nach über 50 Jahren Betrieb wurde der tägliche Liniendienst 1875 schließlich ganz eingestellt. Für Fahrgäste stand die Postkutsche nun nicht mehr zur Verfügung, sie fuhr aber noch bis 1892 weiter durch das Watt, vorwiegend für den Transport von Postsachen.

Hintergrund Vom alten Postkutschenweg nach Norderney sind heute nur noch die Reste der ehemaligen Steinbefestigung zu sehen. Er begann östlich vom heutigen Naturbadestrand in Hilgenriedersiel. | **Hinweis** Dieses Gebiet liegt in der besonders geschützten Zone I des Nationalparks Wattenmeer: Betreten ohne Sondergenehmigung verboten!

71_Der Queller

Ein Spezialist, mit allen Salzwassern gewaschen

Wie Wüstenpflanzen sind viele Gewächse der Meeresküste sukkulent. Sie haben dickfleischige Stängel und Blätter und brauchen nur wenig Wasser zum Überleben. Nur so können sie es in den salzigen Fluten aushalten, die ständig über sie herbranden. Auch die bekannteste Salzpflanze der Nordsee, der Queller, sieht aus wie ein kleiner Kaktus in der Wüste des Wattenmeeres.

Er befindet sich ganz vorn an der Übergangszone zwischen Meer und Land. Zweimal am Tag steht er bei Flut für mehrere Stunden im Meerwasser, das etwa drei Esslöffel Kochsalz pro Liter enthält. Jede andere Pflanze würde unter diesen Bedingungen zugrunde gehen, doch der Queller ist ein Überlebenskünstler. Um an Wasser heranzukommen, muss er innen salziger sein als seine Umgebung, denn nur so kann er Wasser ansaugen. Dies schafft er, indem er Salz und andere Ionen in seinem Zellsaft anreichert. Im Laufe des Sommers kommt immer mehr Meersalz hinzu, sodass er seinen Wassergehalt erhöht, um das viele Salz im Innern zu verdünnen: Er quillt auf. Daher auch sein Name. Wenn sich der Queller im Herbst braunrot verfärbt, dann ist die Salzkonzentration tödlich, er stirbt ab.

Der Queller wird auch »Meeresspargel« genannt. Das salzige Wildgemüse schmeckt hervorragend zu Fisch und Eigerichten und kann sogar roh gegessen werden. Die beste Erntezeit ist Mitte Juni bis Mitte August, wenn der Queller noch leuchtend grün und ohne Blüten ist. Aus Naturschutzgründen darf Queller in Deutschland aber nicht kommerziell im Watt geerntet werden. Er wird aus anderen Ländern wie Holland oder Israel importiert.

Das Ökowerk Emden, das seit Jahren zum Queller und zu anderen Salzpflanzen sehr intensiv forscht (siehe Kapitel 52) und bereits verschiedene Testreihen zu Anbau und Kultur der Wattpflanze durchführt, denkt auch über vermarktbare Produkte für Gastronomie und Tourismus nach. Im Gespräch sind etwa ein Queller-Chutney oder auch ein Schnaps.

Hintergrund Ein Queller bleibt selten allein. Die Pionierpflanze des Wattenmeeres produziert massenhaft Samen und bildet schnell Gruppen, in deren Lücken sich der Schlick sammelt. | **Tipp** Knipsen Sie ruhig mal einen frischen Sprössling oben ab und kosten Sie selbst: salzig, was sonst?

72 Das richtige Schuhwerk
Besser nicht mit Gummistiefeln ins Watt

Das Watt muss man sich erlaufen. Man kann natürlich mit dem Boot oder einer Fähre darüber hinwegfahren, wenn Flut ist. Aber das ganze Geheimnis dieser einzigartigen Naturlandschaft wird man so nicht entdecken. Denn das Besondere an ihr ist ja gerade, dass sie zweimal am Tag trockenfällt. Man muss schon selbst hinein in die wilde Natur, bei Ebbe den ersten Schritt wagen. Und schon stellt sich unversehens die Frage nach dem passenden Schuhwerk.

Eines vorweg: Gummistiefel sind ganz selten die richtige Wahl für eine Wattwanderung. Sie eignen sich nur bei einer Tour durch reines Sandwatt, wo man kaum im Boden einsinkt. Bei allen anderen Wattformen, dem häufigen Mischwatt wie dem tiefen Schlickwatt, ist dringend von Gummistiefeln abzuraten. Sie sitzen einfach zu locker um die Beine. Wenn man dann auch nur ein wenig einsinkt, bleiben sie bei jedem zweiten Schritt stecken und sind eher Last als Hilfe.

Die natürlichste Weise, ins Watt zu gehen, ist mit den nackten Füßen. Dabei spürt man den Boden am allerbesten und bekommt automatisch eine herrliche Fußmassage. Und keine Angst, die vielen Spiralhaufen sind nur leerer Sand, da sind keine Wattwürmer mehr drin. Weswegen dennoch meistens Schuhwerk empfohlen wird, liegt an den Muschelschalen, die sich im Boden verstecken, und an den zunehmenden Austernbänken mit ihren scharfkantigen Rändern.

Die wichtigste Anforderung an das Schuhwerk: Es muss eng sitzen. Und wenn man seine Füße gegen Schnitte schützen will, sollte es eine stärkere Sohle haben. Für Gegenden ohne viele Muscheln und Austern eignen sich die sogenannten »Beachies«, leicht mit einer Sohle verstärkte Socken speziell für Wattwanderer und in bunten Farben überall zu kaufen. Aber auch ausrangierte alte Turnschuhe oder Sneakers haben sich bestens bei Touren im Watt bewährt. Besonders gut sind Neoprenschuhe mit dicker Sohle, wie man sie vom Surfen oder Tauchen kennt.

Hintergrund Mit den Füßen quer durchs Watt: Wattsocken eignen sich für Sand- und Schlick-watt mit wenig Muschelkanten. | **Tipp** Im tiefen Schlick bei einer Pause immer nur ein Bein belasten, dann sinkt das andere nicht so tief ein, und man kommt schneller wieder hinaus.

73_Die Ringelgans
Vom gejagten Federvieh zum Halligen-Superstar

Unsere kleinsten Wildgänse sind die Frühjahrsboten des Wattenmeeres. Aus den Winterquartieren in England, Frankreich und Holland fliegen sie im März zu Tausenden herbei, und ihr charakteristisches »Rott Rott Root« ist überall zu hören: Ringelgänse *(Branta bernicla)*. Sie lieben See- und Andelgras, auch Grünalgen und Queller, und besonders gern mögen sie das frische Grün von Salzwiesen. Die Halligen Schleswig-Holsteins sind daher ihr Lieblingsrevier, hier versammeln sie sich im Frühling in riesigen Schwärmen zum »Auftanken«, bevor es weiter in die Arktis zu Brut und Mauser geht. An unseren Küsten ist meistens die dunkelbäuchige Ringelgans zu sehen, deren Gefieder düster schiefergrau ist. Wie für die gesamte Art typisch besitzt sie den namensgebenden weißen Halsring.

Ringelgänse sind Vegetarier. Sie brauchen große Nahrungsmengen, da sie das Gefressene nur teilweise verdauen und den Rest schnell wieder ausscheiden. Alle drei bis vier Minuten hinterlässt eine Ringelgans ein kleines Kotwürstchen! Um Gras so effektiv zu verdauen wie eine Kuh, bräuchte die Gans auch vier Mägen wie eine Kuh – und würde fliegen wie eine Kuh.

Um 1950 stand die Ringelgans kurz vor dem Aussterben, weil sie in ihren Brutgebieten zu stark bejagt wurde und weil das Seegras im Wattenmeer durch eine Infektion schlagartig verschwunden war. Heute haben sich die Bestände durch Jagdverbote, Schutzgebiete sowie Entschädigungszahlungen an die Landwirte zur Duldung der Gänse sehr gut erholt – eine Erfolgsgeschichte des Naturschutzes.

1998 wurden die »Ringelganstage« ins Leben gerufen, zunächst auf Hooge, später auch auf den anderen Halligen. Als gemeinsames Projekt von Naturschutz und Tourismus bringen sie das Naturphänomen seither erfolgreich ins Rampenlicht. Mit der »Goldenen Ringelgansfeder« werden jedes Jahr herausragende Persönlichkeiten rund um den Naturschutz im Wattenmeer geehrt.

Hintergrund Die Ringelgans ist selten so allein zu sehen wie hier. Sie ist als ein sehr soziales Tier meist in ihrem Familienverband anzutreffen. Seit 1970 stieg die Zahl der Ringelgänse von 20.000 auf 250.000 an. | **Tipp** Die »Ringelganstage« finden immer im Frühjahr statt, Informationen gibt es unter www.ringelganstage.de.

74__Der Rotschenkel

Ein sicheres Revier für den Nachwuchs und die Art

Diesen amselgroßen Vogel mit den langen Beinen kann man im Prinzip in ganz Europa antreffen: den Rotschenkel *(Tringa totanus)*. Er ist in Feuchtbiotopen zu Hause, an der Küste, in Mooren, Tümpeln und Feuchtwiesen. Doch geeignete Bruthabitate werden im Binnenland immer rarer, die Intensivierung der Landwirtschaft, Grundwasserabsenkungen oder Torfabbau haben an vielen Stellen des Verbreitungsgebietes zum Rückgang der Rotschenkel-Bestände geführt. Umso wichtiger ist das Wattenmeer als Brut- und Rastgebiet für die Zugvögel. Hier brüten etwa 10.000 Paare dieser Art, am dichtesten in unbeweideten Salzwiesen.

Mit ihrem schlanken Schnabel sondieren Rotschenkel im Wattboden und in Pfützen nach allem lebenden Kleingetier, das sich dort versteckt: Würmern, Kleinkrebsen, Schnecken oder kleinen Muscheln, deren Siphonen sie gern abpicken. Sie lieben Schlickkrebse. Mehrere tausend soll ein einziger Vogel pro Niedrigwasser erbeuten können.

Im April beginnen die Rotschenkel-Männchen kleine Nistmulden in unbeweidete Salzwiesen zu bauen. Aus ihnen werden später Halme herausgezupft und haubenförmig über den Nistplatz gezogen, sodass er für Fressfeinde von oben fast unmöglich zu erkennen ist. Die Jungen sind Nestflüchter und gehen schon bald nach dem Schlüpfen in der Umgebung auf Entdeckungstour.

Der Rotschenkel hat einen mittellangen Schnabel, der an der Basis orange und an der Spitze schwarz ist, und – typisch für einen Schnepfenvogel – verhältnismäßig lange Beine. Deren rote Farbe gab dem Tier seinen Namen. Ein ausgewachsener Rotschenkel wird 30 Zentimeter groß, wobei das Weibchen 20 Prozent schwerer ist als das Männchen.

Die Wattenmeer-Rotschenkel machen sich im Herbst auf ihren Weg entlang des Ostatlantischen Vogelzugs (siehe Kapitel 60) zu ihren Winterquartieren im Südwesten Europas bis nach Spanien. Eine Teilpopulation aus Island dagegen überwintert am Wattenmeer.

Hintergrund Der Rotschenkel ist ein Charaktervogel der Salzwiese. Häufig sitzt er auf Zaunpfählen und beobachtet aufgeregt wippend sein Revier. | **Tipp** Sehr viel Wissen über die Vogelwelt des Wattenmeeres teilt die »Schutzstation Wattenmeer«, ein gemeinnütziger Verein aus Schleswig-Holstein, unter www.schutzstation-wattenmeer.de.

75 Die Salzwiesen

Wenige Dezimeter machen hier den Unterschied

Wattenmeer. Der Name täuscht manchmal schon sehr. Denn auf dem Weg zum Wasser erwarten einen hinter dem Deich in aller Regel nicht rauschende Meereswogen, sondern weite, im Wind wehende Salzwiesen. In Schleswig-Holstein und auf den nordfriesischen Halligen gibt es über 10.000 Hektar davon. In Niedersachsen sind es etwa 8.400 Hektar an der Küste und an den Südseiten der Inseln.

Salzwiesen bilden den Übergang zwischen Wasser und Land, man nennt sie auch die *supralitorale Zone* des Wattenmeeres. Sie liegt über dem mittleren Hochwasserstand und hat daher schon trockene Bereiche. Doch bei Springtiden oder Sturmfluten steht sie unter Wasser. Nur wenige Höhenzentimeter machen hier einen großen Unterschied und finden ihre jeweiligen Salz-Spezialisten.

An vorderster Front, noch in der Verlandungszone des Watts, findet sich der extrem salztolerante Queller (siehe Kapitel 71). Die Pionierpflanze wird zweimal am Tag überflutet, nur das Schlickgras kann ihm unter diesen rauen Bedingungen noch Gesellschaft leisten. Wenige Zentimeter oberhalb der Quellerzone beginnt das Revier des Andelgrases. Es liegt bereits oberhalb des ständigen Flutungsbereichs und markiert den Beginn der eigentlichen, der unteren Salzwiese. Sie wird noch 100- bis 200-mal im Jahr überflutet.

Mit jeder Überschwemmung setzt sich neuer Schlick ab, die Salzwiese wächst Schicht um Schicht in die Höhe. Dabei nehmen die Überflutungen mit steigender Höhe ab. Die Rotschwingelzone schließlich wird nur noch selten vom salzhaltigen Meerwasser erreicht, etwa 25- bis 50-mal im Jahr. In den obersten Bereichen der Salzwiese wird die Pflanzenwelt immer vielfältiger.

Die Salzwiese ist für Flora und Fauna ein ganz spezieller Lebensraum, insbesondere für Insekten: Rund 800 Arten sind endemisch, kommen nur hier vor. Sie haben sich mit vielen Strategien an die Salzwiesenpflanzen und die ständigen Überflutungen angepasst.

Hintergrund Salzwiesen sind seltene und gefährdete Lebensräume, besonders wichtig auch für viele Spezialisten unter den Insekten. | **Tipp** Im Langwarder Groden in Fedderwardersiel betreten Sie auf einem Rundwanderweg eine seit 2014 renaturierte, faszinierende Salzwiesenlandschaft (www.butjadingen.de).

76_ Der Sand aus dem Seegatt

Extreme Umgebung: Da müssen selbst Experten kämpfen

Gewaltige Kräfte sind im Wattenmeer am Wirken. Besonders dort, wo die Wassermengen bei jeder Ebbe und Flut hinein- und hinausgepresst werden: an den Seegatts. »Eine sehr dynamische Umgebung«, das mussten Sebastian Storek, Ingenieur und Projektleiter bei der niederländischen Firma »Dutch Dredging«, sowie die Männer von »Delta Costal Services« im Sommer 2020 feststellen: Für eine 700.000 Kubikmeter große Strandaufspülung vor dem sturmflutgefährdeten Pirotal auf Langeoog galt es, eine Dükerleitung von der Insel über den Boden des Wattenmeeres zu einer Kopplungsstation mitten im Wasser zwischen Baltrum und Langeoog zu verlegen. Dort sollte regelmäßig ein Hopperbagger, der zuvor gewaltige Mengen Sand aus dem Grund des Seegatts gesaugt hatte, andocken und ein Sand-Wasser-Gemisch mit Druck hinüber auf die Insel spülen.

So weit die Theorie. Doch selbst für die Spezialisten, die in der ganzen Welt arbeiten, stellte das Wattenmeer in der Praxis eine ganz besondere Herausforderung dar. Erst war die anfangs 1,8 Kilometer lange Dükerleitung zu kurz. Die gemessenen Abstände stimmten nicht mehr mit der aktuellen Lage überein, so sehr hatte sich alles in kurzer Zeit bereits verändert. Also wieder Luft in die Leitung gepumpt, sie nach oben gebracht und auf über zwei Kilometer verlängert. Zweiter Versuch: Jetzt war die Leitung auf dem durch die Strömung extrem welligen Grund im Riffbogen ins Rollen gekommen, hatte sich verhakt und viel schlimmer noch: Sie war gebrochen und geknickt wie ein Streichholz.

Also alles wieder hoch, repariert und nochmals von vorn: Diesmal war es der Wind, der pünktlich zum Start der Verlegung auf West drehte und innerhalb kürzester Zeit auf Böen von bis zu zehn Metern pro Sekunde hochschnellte. Der dritte Versuch musste verschoben werden. Eine Woche später, am 11. Juli, spielte dann jedoch alles mit: die Länge, der Boden, die Strömung und der Wind.

Hintergrund Am Ende war sie rekordverdächtige 2,3 Kilometer lang, die Dükerleitung im Seegatt Accumer Ee. Aber der Strand von Langeoog war ja lang genug zum Zwischenparken, bevor es hinunter auf den Meeresboden ging zum Start der Strandaufspülung des Niedersächsischen Landesbetriebs für Wasserwirtschaft, Küsten- und Naturschutz.

77 Das Schlickgras

Invasion vom äußersten Rand der Salzwiese

Vor 100 Jahren gab es diese Pflanze noch gar nicht im deutschen Wattenmeer: das Schlickgras. *Spartina anglica* ist Ende des 19. Jahrhunderts erstmals in England beschrieben worden, worauf auch der botanische Name einen Hinweis gibt. 1927 wurde es nach Deutschland importiert und dort zur Landgewinnung im untersten Bereich der Salzwiesen gezielt angepflanzt, von wo aus es sich in den folgenden Jahrzehnten selbst ausbreitete.

Das Schlickgras ist eine extrem salztolerante Pflanze und kann neben dem Queller (siehe Kapitel 71) am weitesten in die regelmäßig überflutete Randzone zwischen Salzwiese und Watt hinauswachsen. In Bereichen mit ruhigem Wasser baut es dichte geschlossene Bestände, bei Wellenschlag entstehen kleinere Flächen oder einzelne Horste. Es wird 30 Zentimeter groß, kann aber auch eine stattliche Höhe von 130 Zentimetern erreichen.

Wie der Queller ist auch das Schlickgras eine Pionierpflanze der Salzwiese. Diese Stärke kostet es auch weidlich gegenüber anderer Flora der Salzwiesen aus. Denn die Ansiedlung des Schlickgrases ist mit der Verdrängung weniger konkurrenzkräftiger Arten sowie mit nachteiligen Folgen für Bodenlebewesen und Mikrofauna verbunden. Selbst der Queller, der diesem Lebensraum, der »Quellerzone«, überhaupt erst den Namen gegeben hat, bekommt das zu spüren. Wo das Schlickgras kommt, wächst meist kein Queller mehr. Schwerer wiegt jedoch das Eindringen des Schlickgrases in Salzwiesen. Durch seinen hohen und dichten Wuchs verdrängt es die Salzwiesenpflanzen in der unteren Salzwiese, der »Andelzone«.

Insgesamt wird das Auftreten der invasiven Art kontrovers diskutiert. Denn das Schlickgras trägt als effektiver Sedimentfänger auch zum stetigen Anwachsen des kostbaren Ökosystems Salzwiese bei mit seinen wichtigen Leistungen für den Küstenschutz sowie für die CO_2-Bilanz. Zudem bilden die schnell wachsenden Schlickgrasflächen an der Küste ein natürlich mäandrierendes Prielsystem.

Hintergrund Wie eine Insel im Wattenmeer: Hellgrünes Schlickgras erhebt sich bei Ebbe aus dem trockengefallenen Boden. | **Hinweis** Achten Sie auf den Wuchs in dicken, fleischigen Rhizomen-Büscheln. Mit diesen vermehrt und verbreitet sich die Pflanze.

78_Die Schweinswale

Die Kleinen Tümmler – ganz groß im Wattenmeer

Sie haben schon einen etwas seltsamen Namen. Grunzen tun sie jedenfalls nicht unter Wasser, die Schweinswale. Es war Aristoteles, der vor 2.300 Jahren beim Sezieren feststellte, dass ihre inneren Organe denen von Schweinen ähneln und nicht denen von Fischen. Rein äußerlich ähneln sie Delphinen, mit denen sie allerdings nur entfernt verwandt sind. Schweinswale haben im Gegensatz zu Delphinen nicht kegel-, sondern spatelförmige Zähne, und sie haben auch nicht das für Delphine so typische schnabelförmige Maul. Ihre Finne ist am Ansatz eher breit und läuft abgerundet nach oben aus, nicht so spitz und sichelförmig wie bei Delphinen. Und Luftsprünge machen Schweinswale auch nicht.

Mit einer Länge von 1,50 Metern ist der Schweinswal einer der kleinsten Wale der Welt und die einzige Walart, die im Wattenmeer heimisch ist. 2016 wurde für die gesamte Nordsee ein Bestand von 345.000 Schweinswalen ermittelt. Einige tausend Exemplare leben jahreszeitlich wechselnd vor deutschen Küsten. Im Winter fühlen sich Schweinswale vor Borkum wohl, im Sommer eher vor Sylt. Zwischen März und Mai sind besonders viele im Jadebusen vor Wilhelmshaven unterwegs. Schweinswale können nur 80 Meter tief und nicht allzu lange tauchen. Alle sechs Minuten müssen die kleinen Meeressäuger nach Luft schnappen. Meist schwimmen sie zu zweit, selten in größeren Gruppen. Zwischen Mai und Juli kommen die Neugeborenen zur Welt: mit der Schwanzflosse voran. So kann die Fluke sich schnell entfalten, das Kleine zügig zum ersten Luftholen auftauchen.

Für das Whalewatching am Wattenmeer bieten sich die jährlichen »Wilhelmshavener Schweinswaltage« im Frühjahr an, organisiert von den ehrenamtlichen Naturbeobachtern »JadeWale«. Dort wird auch über die Umweltrisiken für die besonders von Lärm bedrohte Art informiert, die sich vor allem über das Gehör, über das Echo von Schallwellen, orientiert.

Hintergrund Der Schweinswal ist ein beliebtes Motiv. Sein Rücken ist als Logo des Weltnaturerbes überall zu sehen. Seine Flosse kommt besonders schön auf diesem hand-bedruckten Shirt zur Geltung. **| Info** Jedes Stück ein Unikat, zu bestellen bei Barbara Aragon unter Tel. 04972/6825346 oder https://vier-beaufort.business.site/.

79 Die schwimmende Moorinsel

Einzigartig in Sehestedt: das Moor vor dem Deich

An der östlichen Seite des Jadebusens, in der Wesermarsch, lässt sich ein ganz besonderes Naturdenkmal bestaunen: das Schwimmende Moor. Es liegt im Ortsteil Sehestedt in der Gemeinde Jade und ist das einzige Moor der Welt, das vor einem Deich liegt. Bei Sturmfluten aus Nordwest mit Höhen von 3,50 Metern über Normalnull geschieht das seltene Wunder der Natur. Dann hebt die Nordsee den Torf, der leichter als Wasser ist, an: Das Moor schwimmt!

Ursprünglich lag das Moor im Binnenland, hinter den Marschen. Es war ein Hochmoor, wurde ausschließlich von oben durch Niederschläge gespeist. Bis der Jadebusen immer weiter vordrang und schließlich das Moorufer erreichte. Kamen jetzt Sturmfluten, wurde das gesamte Moor vom Wasser förmlich aufgeklappt, hochgehoben und mit ihm alles, was sich obendrauf befand: Menschen, Tiere, Bäume, sogar Häuser. Die gewaltigen Fluten rissen allerdings auch Torfbrocken mit, manchmal ganze Moorflächen, die bei Hochwasser in großer Entfernung wieder angeschwemmt wurden.

Durch das Aufschwimmen des Untergrundes waren die Bewohner bei Sturmfluten relativ sicher. Mehr Sorgen machte man sich um das fruchtbare Marschland, das bei Hochwasser immer gefährdet war zu versalzen. Man begann, mitten durch das Moor einen Deich zu bauen. 1725 wurde die sieben Kilometer lange Deichlücke am Jadebusen zwischen Schweiburg und Seefeld geschlossen.

Das heutige Sehestedter Außendeichsmoor ist das Reststück der ehemaligen 135 Hektar großen Moorfläche, die damals ausgedeicht wurde. Von ihr sind nur noch zehn Hektar übrig geblieben, die von einer Beobachtungsstation zu überblicken sind. Zwei völlig unterschiedliche Ökosysteme grenzen hier direkt aneinander: das süßwasserabhängige, drei Meter dicke Moor und die Salzwiesen, die heute den weitaus größeren Teil des Deichvorlandes bilden.

Hintergrund Bei der Entwicklung eines Hochmoors werden abgestorbene Pflanzenteile nicht ersetzt: Unten entsteht Torf, während das Moor in die Höhe wächst. | **Hinweis** Nur auf einem 140 Meter langen Bohlenweg von der Südspitze des Moores bis zur Abbruchkante darf das Naturschutzgebiet betreten werden.

80__Das Seebad am Watt

Dangast: Schlickfahrten mit Schiff und Schlitten

Wenn Anton Tapken seine »Etta von Dangast« in den heimatlichen Hafen steuert, dann kann schon mal sehr wenig Wasser unter dem Kiel sein. Denn von der tiefen Rinne des Jadefahrwassers vor Wilhelmshaven muss er in einen Nebenarm abzweigen, das Dangaster Außentief. Das ist fünf Kilometer lang und schlängelt sich in enger Spur durch das weite Watt des Jadebusens zum Dangaster Siel. Ein Räumboot des Hafenzweckverbandes Dangast hält die Passage für das Land Niedersachsen frei, sonst wäre hier nicht nur für das Touristenschiff, sondern auch für viele Sportboote und Fischkutter kein Durchkommen mehr.

Doch Kapitän Tapken, bei gutem Wetter auch mal gern nur in Badehose mit Kapitänsmütze am Ruder, kennt seine »Etta« und das schwierige Revier wie seine Westentasche. Bis auf den Zentimeter genau gleitet der aktive Senior bei seinen beliebten Ausflugsfahrten durch die schmalen Furchen im Watt und freut sich, dass er mit seinen Berechnungen zu den Wasserständen wieder einmal richtiglag.

Tapken ist der Spross einer bekannten Dangaster Familiendynastie. Ihm und seinen Geschwistern gehören Herzstücke des auch unter Künstlern beliebten Seebads: der ganze Küstenstreifen vom Campingplatz im Zentrum über das Kurhaus mit seinem berühmten Rhabarberkuchen bis zum Gelände am Hafen. Letzteres ist seins.

Es ist auch der Austragungsort des »Watt En Schlick«-Festivals, eines der mittlerweile größten Open-Air-Events im Norden, das er von Anfang an unterstützt hat. Es zieht vor allem ein junges Publikum in das Seebad auf dem Geestvorsprung am Wattenmeer. Neben Auftritten überregional bekannter Bands und Interpreten ist auch immer ein Schlickschlittenrennen fester Bestandteil des Programms. Direkt am trockengefallenen Strand vor dem Kurhaus messen sich tapfere Männer und Frauen im Watt. Und da kein Deich dazwischen stört, kann das Publikum direkt von der Terrasse hinabapplaudieren.

Hintergrund Am Siel stehen auch die »Dangaster Flutsteine«, die mit ihrer Höhenlage die Scheitelwasserstände der höchsten Orkan- und Sturmfluten der Vergangenheit anzeigen. | **Tipp** Ausflugsfahrten gibt es per Schiff von Dangast nach Wilhelmshaven oder zum Leuchtturm Arngast (www.ettavondangast.de).

81 Die Seebestattungen
Für die Ewigkeit auf dem Grund des Wattenmeeres

Nordsee ist Mordsee? Auf den Gedanken kann man schon kommen, bei den vielen Krimis und Tatorten, die hier ihren Schauplatz haben. Doch auch in der Realität ist das Küstenmeer ein Gebiet mit vielen Toten. Denn hier ist der maritime Friedhof für alle, die auf See bestattet werden. Von vielen Häfen an der Küste und den Inseln Schleswig-Holsteins und Niedersachsens starten Fahrten zu den Bestattungsgebieten: »Nebel, stiller Nebel über Meer und Land. Totenstill die Watten, totenstill der Strand. Trauer, leise Trauer deckt die Erde zu. Seele, liebe Seele, schweig und träum auch du.«

So heißt es in einem Trauergedicht von Christian Morgenstern. Letzte Worte für die Verstorbenen findet heute die Reederfamilie Albrecht. Der Familienbetrieb ist bereits in dritter Generation auf Seebestattungen spezialisiert. Vom Heimathafen Harlesiel laufen die beiden Bestattungsschiffe »Horizont« und »Nordwind« fast täglich aus, oft zu dem für Seebestattungen eigens ausgewiesenen Gebiet zwischen den Inseln Spiekeroog und Wangerooge.

Für die Bestattung auf See ist in jedem Fall eine gesetzlich vorgeschriebene Seeurne notwendig. Diese muss sich nach einer bestimmten Zeit im Wasser vollständig auflösen. Auf dem Meeresboden verbleibt dann nur die Asche, die von den Grundsanden abgedeckt wird und so eine feste Grabstelle auf dem Meeresgrund bildet.

Der Ort der Beisetzung wird im Schiffstagebuch genauestens dokumentiert – mit Koordinaten, Datum, Uhrzeit und Namen des Bestattungsschiffes. Auch wird auf einer Seekarte optisch festgehalten, wo die Bestattung exakt stattgefunden hat. Das alles ist Teil einer Dokumentationsmappe, die die Angehörigen auf der Rückfahrt erhalten – falls sie vor Ort zugegen sind. Denn bei der »stillen Seebestattung« geht die Zeremonie auch ohne Angehörige vor sich, der Dokumentationsservice der Bestatter erfolgt dann auf postalischem Weg.

Hintergrund Die »Brücke der Erinnerung« ist einmalig an der Nordseeküste. Sie ist eine Gedenkstätte für alle Seetoten und bietet Hinterbliebenen einen Ort der Erinnerung. | **Hinweis** Die Brücke findet sich im östlichen Hafenbereich von Harlesiel, direkt über den Salzwiesen des Wattenmeeres (www.seebestattung-albrecht.de).

82 Der Seehund

An Land behäbig, im Wasser ein blitzschneller Jäger

Wenn man sie da so liegen sieht im Sommer, dicht an dicht auf ihren Sandbänken im Wattenmeer, könnte man meinen, Seehunde wären gesellige Tiere. Das ist aber nicht der Fall. Die Weibchen und ihr Nachwuchs müssen im Geburtsmonat stundenweise zum Säugen aufs Trockene. Doch ansonsten sind Seehunde notorische Einzelgänger. Als einsame Jäger durchstreifen sie auf tagelangen Beutezügen die Tiefen der Nordsee und entfernen sich bis zu 200 Kilometer von ihren Ruheplätzen. Dank ihres stromlinienförmigen Körpers schwimmen sie sehr gewandt und schnell, bis zu 35 Kilometer pro Stunde. Unter Wasser können sie mit ihren großen Augen sehr gut sehen. Zudem sind sie dank ihrer Schnurrbarthaare, den Vibrissen, in der Lage, selbst winzigste Bewegungen von Fischen wahrzunehmen und die Beute auch in völliger Dunkelheit zu schnappen.

An Land wirken Robben dagegen behäbig, sind kurzsichtig und lümmeln träge in der Sonne herum. Ende Mai beginnt die Wurfzeit der Seehunde. Bei Niedrigwasser kommen die Jungen zur Welt, und bereits bei der nächsten Flut können sie der Mutter schwimmend folgen. Das Junge erhält vier Wochen lang eine mit einem Anteil von 45 Prozent sehr fettreiche Milch. In dieser kurzen Zeit muss sich der kleine Seehund eine dicke Speckschicht zulegen, den Blubber. Der wärmt und ist ein lebenswichtiges Energiedepot für die erste Zeit der Selbstständigkeit, bis das Fischefangen klappt.

Manchmal verliert eine Mutter den Kontakt zum Jungtier. Diese verlassenen Heuler werden von »Seehundjägern« geborgen und in die Seehundaufzuchtstationen Norden-Norddeich in Niedersachsen und Friedrichskoog in Schleswig-Holstein gebracht.

Seit dem Jagdverbot 1974 hat sich der Seehundbestand im Wattenmeer trotz mehrerer schwerer Epidemien – vor allem 1988 und 2002 – auf über 40.000 Tiere erholt und scheint sich in dieser Größenordnung natürlicherweise zu stabilisieren.

Hintergrund Ein Seehund braucht viel Ruhe, wenn er an Land ist. Daher nicht stören, sonst ist er ganz schnell wieder im Wasser! | **Info** Man kann Patenschaften für Heuler übernehmen (info@nordseestation-norddeich.de). Damit kann man dem kleinen Findling einen Namen geben und dabei sein, wenn die geretteten Jungtiere im Spätsommer in die Nordsee entlassen werden.

83__Die Seekabelendstelle

Strategisch: Im Wattenmeer endet der Datenhighway

An einem kleinen Parkplatz ist Endstation für den privaten Autoverkehr. Danach geht es zu Fuß weiter, dem Weg durch Salzwiesen zu einer Badestelle folgend, die nicht mehr ist als eine kleine Wiese mit Abbruchkanten zum Watt, von denen man direkt ins Wasser gelangt. Hier ist man der Natur sehr nahe. Ein wunderschöner Flecken Erde, an dem man ganz allein ist mit den Wellen, die unablässig heranrauschen, mit dem Wind, der sehr stark wehen kann, mit Vögeln und Möwen, die ihre Bahnen über einem ziehen, mit dem Blick auf viele Schafe am Deich, die beständig grasen und malmen. Die Insel Norderney ist fast zum Greifen nah, und die laute Welt ist ganz fern. Kein Strandkorb, kein Kiosk und keine Toilette weit und breit.

Und irgendwo hier, inmitten dieser Nordseeromantik, die kaum noch zu steigern ist, existiert unterirdisch eine Parallelwelt aus Datenströmen, die unablässig fließen und lautlos den Takt der Moderne vorgeben. Denn hier landen und stranden die internationalen Seekabel für Telefon und Internet, die Daten-Nabelschnüre unseres virtuellen Jahrhunderts, die Deutschland mit dem Rest der Welt verbinden. So gut wie alle Telefonate und E-Mails, die wir nach Übersee schicken oder empfangen, haben an diesem einsamen Küstenabschnitt ihr kontinentales Ende oder ihren Anfang. Über das 15.000 Kilometer lange »Trans Atlantic Telephonecable No. 14« wird eine unvorstellbare Datenmenge von 160 Gigabyte pro Sekunde übertragen.

Hier wird das Digitale plötzlich mit dem Kabel fassbar, sehr analog, sehr real und bei der gewaltigen Naturkulisse um einen herum gleichzeitig auch merkwürdig irreal. Man sieht so gar nichts davon, nur den sich biegenden Strandhafer, den grünen Deich, Ebbe und Flut – und trotzdem, hier an diesem einmaligen Ort prallen die beiden Welten unablässig aufeinander: das ewige Wehen des Windes und das endlose Strömen der Daten, oben und unten, Natur und Technik.

Hintergrund Irgendwo hier im Schlick kommt das Seekabel an, irgendwo hier geht es unterirdisch weiter in die Stadt Norden zur Verteilerstation, von wo aus die Daten an die Internetknoten in ganz Deutschland weitergeleitet werden. | **Tipp** Die vollkommen naturbelassene Landschaft östlich von Norden lädt zu tiefem Durchatmen und langen Spaziergängen am Deich ein – am schönsten bei Sonnenuntergang.

84 Der Seenebel

Ganz plötzlich ist er da: orientierungslos im Watt

Nebel ist im Grunde nichts anderes als eine auf dem Boden aufliegende Wolke. Wenn die Sichtweite in Bodennähe auf unter einen Kilometer abgesunken ist, dann sprechen Meteorologen von Nebel. Der ist besonders für die Luftfahrt gefährlich, da unter diesen Umständen kein Fliegen auf Sicht mehr möglich ist und auch ein Flugplatz nicht mehr angesteuert werden kann. Das Gefährliche am Nebel ist, dass er ganz plötzlich auftreten kann. Und das bringt nicht nur die Fliegerei in eine Ausnahmesituation.

Denn besonders heimtückisch kann Seenebel am Boden während einer Wattführung sein. Innerhalb weniger Minuten kann man nur noch ein paar Meter durch den Dunst blicken, kaum noch die Hand vor Augen sehen. Wie von Geisterhand wird die Umgebung in ein undurchdringliches Weiß getaucht. Es dauert nur wenige Schritte, bis man nicht mehr genau weiß, wo hinten war und vorne ist.

Während einer Wattführung wird solch eine Situation gelegentlich simuliert. Und noch jeder ist mit geschlossenen Augen irgendwann im Kreis gelaufen, auch wenn er glaubte, nur geradeaus gegangen zu sein. Ohne Kompass würde man in einer solchen Situation unweigerlich die Orientierung im Watt verlieren. Doch selbst ein Kompass ist keine Garantie, denn schnurstracks geradeaus laufen in einer Landschaft von Prielen, die sich mit Wasser füllen, ist kein guter Rat.

Voraussetzung für Nebel ist ein großer Feuchtigkeitsgehalt der Luft und die Abkühlung der Luft auf die Sättigungsgrenze für Wasserdampf, den Taupunkt. Nebel bildet sich, wenn verhältnismäßig warme und feuchte Luft über einen kälteren Untergrund geschoben wird. Der Seenebel an der Küste entsteht, wenn feuchtwarme Luft durch Wind vom Festland auf das kalte Meer getrieben wird. Wenn sich nun die Windrichtung ändert, dann wird der Nebel über das Wattenmeer zurück auf das Festland getrieben und führt zu dem so gefürchteten plötzlichen Nebeleinbruch.

Hintergrund Seenebel kann selbst im Sommer wie aus dem Nichts auftauchen und ist für Wattwanderer lebensgefährlich. | **Info** Auch im Herbst kann häufig Seenebel auftreten, wenn warmes Wasser verdunstet und die kalte Luft die Feuchtigkeit nicht wieder aufnehmen kann. Mit Sonneneinstrahlung ist der Spuk aber vorbei.

85 __Die Seenotretter

Rund um die Uhr und bei jedem Wetter einsatzbereit

»Schiffbrüchige aus Seenot retten. Menschen aus Gefahren befreien. Verletzte und Kranke versorgen.« So formuliert die Deutsche Gesellschaft zur Rettung Schiffbrüchiger (DGzRS) ihre Aufgaben, die sie als nicht staatliche Organisation für Deutschland wahrnimmt. Das tut die traditionelle Gesellschaft, die mittlerweile unter dem deutlich eingängigeren Namen »Seenotretter« agiert, auch im Wattenmeer.

Entlang der deutschen Nordseeküste und auf den vorgelagerten Inseln verfügt sie über insgesamt 21 Stationen, davon 14 in Niedersachsen zwischen Borkum und Cuxhaven und sieben in Schleswig-Holstein zwischen Brunsbüttel und List auf Sylt. Dazu kommt noch eine Station auf der Hochseeinsel Helgoland.

Die Gesellschaft gehört zu den modernsten Seenotrettungsdiensten der Welt und wird ausschließlich durch Spenden finanziert. Die Zentrale befindet sich seit ihren Anfängen 1865 in Bremen. Von dort koordiniert bis heute die Seenotleitung, das »Maritime Rescue Coordination Centre« (MRCC), die Einsätze, unterstützt von rund 800 Freiwilligen. 2019 waren es allein 2.140, darunter auch viele Krankentransporte von Schiffen, Inseln oder Halligen zum Festland. Zudem wurden Schiffe vor dem Totalverlust bewahrt, Hilfeleistungen für Wasserfahrzeuge aller Art erbracht und diverse Kontroll- und Sicherungsfahrten unternommen. Insgesamt sind für die Seenotretter in Nord- und Ostsee 20 Seenotrettungskreuzer und 40 Seenotrettungsboote unterwegs.

Das Wattenmeer stellt dabei besondere Anforderungen an Mensch und Material. Denn Lage und Tiefe der Fahrwasser im Seegebiet verändern sich durch die Gezeiten und die damit verbundenen Sandverlagerungen ständig. So friedlich das Watt bei Ebbe daliegt, immer wieder ist hier Leben in Gefahr, werden die Seenotretter zu Schutzengeln von Menschen, die die Lage unterschätzen und in dieser Welt aus Prielen, die sich so schleichend mit Wasser füllen, ertrinken würden.

Hintergrund Für das anspruchsvolle Terrain des Wattenmeeres sind die flachgängigen Rettungsboote der DGzRS wie gemacht, der Tiefgang beträgt oft nicht mehr als 96 Zentimeter. | **Hinweis** Am »Tag der Seenotretter« zeigt die Organisation traditionell öffentlich, was sie alles kann und wie sie hilft (www.seenotretter.de).

86_Das Seepferdchen
Beinahe ausgestorben kehrt es wohl wieder zurück

Bei den Menschen wie fast überall im Tierreich tragen die weiblichen Exemplare der Gattung den Nachwuchs aus. Bei den Seepferdchen *(Hippocampus)* ist das anders: Hier sind es die Männchen, die mit einem dicken Schwangerschaftsbauch trächtig werden. Anders als die Weibchen verfügen sie als Unterscheidungsmerkmal über eine Bruttasche. Dorthinein legen die Weibchen bei der Paarung nach einem langen Balztanz ihre Eier zur Befruchtung. Die Embryonen schlüpfen früh und durchlaufen in der väterlichen Bruttasche den Rest ihrer Entwicklung bis zur Geburt als schwimmfähiges Seepferdchen.

In Tönning, im bekannten Multimar Wattforum des Nationalparks Schleswig-Holsteinisches Wattenmeer (siehe Kapitel 55), kann man das mit etwas Glück selbst beobachten, denn dort ist es seit 2007 wiederholt gelungen, Seepferdchen zu züchten. Sie leben in einem großen Aquarium, das mit viel Seegras ausgestattet ist. Mit ihrem langen Greifschwanz halten sie sich daran fest und warten auf vorbeischwimmende Kleinkrebse, die sie mit ihrer pipettenförmigen Schnauze blitzschnell einsaugen.

Seepferdchen sind Fische, was man ihnen nicht ansieht. Ihr Kopf ähnelt dem eines Pferdes, daher auch ihr Name. Ihre Flossen sind verkleinert, die Schwanzflosse fehlt, und der Körper steckt in einem Hautknochenpanzer. Bis vor Kurzem galten Seepferdchen noch als in der Nordsee ausgestorben. Doch es mehren sich die Hinweise, dass sie ins Wattenmeer zurückkehren.

Biologe Rainer Borcherding von der Schutzstation Wattenmeer in Husum kann mit Blick auf sein Internetportal »www.beachexplorer.org« eine Zunahme bestätigen. 2007 war eine erste Einwanderungswelle zu verzeichnen, 2020 wurden aus den Niederlanden schon 30 Funde gemeldet. Auch auf Borkum wurden im Sommer 2020 erstmals nach 50 Jahren wieder zwei Kurzschnäuzige Seepferdchen lebend gefangen. Nördlich der Insel Norderney gingen Forschern aus Bremerhaven nur kurze Zeit später zwei Langschnäuzige ins Netz.

Hintergrund Seepferdchen sind ein beliebtes Motiv, doch in der freien Natur äußerst selten zu finden. Leibhaftig sehen kann man sie etwa in den Wattenmeer-Aquarien: in Tönning und auf Borkum. | **Info** Öffnungszeiten und Preise sind unter www.multimar-wattforum.de und www.nordsee-aquarium.de zu erfahren.

87__Die Seepocken

Dicht an dicht: eine Wohngemeinschaft auf Dauer

Eine Entscheidung fürs Leben trifft die kleine Seepocke *(Balanida)*, wenn sie sich noch im Larvenstadium im Plankton schwimmend einen Untergrund aussucht, an den sie sich anheftet – und damit ewig bindet. Denn einmal angedockt an ein Hartsubstrat, wird sie diesen Ort nie mehr verlassen. Seepocken sind sessile Tiere, auf Dauer sesshaft. Sie können sich im Wattenmeer auf Steinen, Felsen oder Holz niederlassen, auf Muscheln, Schnecken oder Krebsen.

Besonders oft zieht es sie an Stellen, wo schon viele ihrer Artgenossen sind. Meist sieht man eine Unmenge an Seepocken dicht an dicht sitzen, was jeder besetzten Oberfläche das so typische pockennarbige Aussehen gibt. Diese harte Kruste wirkt für uns meist leblos, doch das ist nur die äußere Hülle. In jedem dieser Kegel aus vier oder sechs kalkigen Wandplatten steckt ein kleiner Krebs, ein Rankfüßer. Seepocken haben statt der Beine und Scheren fächerförmige Füße, die sie eifrig wedelnd ins Seewasser hinausstrecken, um Nahrung herauszufiltern. Bei Niedrigwasser oder bei Gefahr ziehen sie diese ein und schließen ihre Deckelkappe.

Für das nahe Beieinander in der Kolonie gibt es einen Grund, und das ist die Fortpflanzung. Seepocken sind zwar Zwitter, müssen sich aber gegenseitig befruchten. Wie soll das funktionieren, wenn man sich nicht bewegen kann? Des Rätsels Lösung: Sie haben im Verhältnis zu ihrer Körpergröße einen ausgesprochen langen Penis. Er misst das Dreifache der Körperlänge, das ist Spitzenklasse im gesamten Tierreich. Mit ausgestrecktem Penis tasten sie den Platz um sich herum ab und suchen nach anderen Seepocken. Die enge Nachbarschaft erleichtert den Akt mit den Geschlechtsgenossinnen.

Im Wattenmeer gibt es vier, in Deutschland sechs Seepockenarten. Auf den Rümpfen internationaler Handelsschiffe reisen sie um die Welt und bieten Halt für weitere blinde Passagiere, zu denen auch invasive Arten gehören.

Hintergrund Auf Miesmuscheln lassen sich Seepocken besonders gern nieder. Wie normale Krebse auch müssen sie sich mehrfach häuten, das machen sie im Innern ihres Dauerwohnsitzes aus Kalk. | **Hinweis** Die Seepockenarten kann man an der Form ihrer Deckelklappen voneinander unterscheiden.

88__Die Seeschwalbe

Auf die lange Distanz: einmal um die ganze Welt

Die Küstenseeschwalbe *(Sterna paradisea)* ist der Marathonläufer, Pardon, Marathonflieger in der Welt der Zugvögel. Keine Art fliegt mehr im Jahr, keine Art ist ausdauernder unterwegs. 70.000 Kilometer und mehr können zwischen ihren Brutgebieten am nördlichen Polarkreis und dem Überwinterungsort auf der anderen Seite der Erdkugel am südlichen Polarkreis liegen. Sie ist der absolute Globetrotter unter den ziehenden Tieren der Welt. Wobei sie sowohl den ostatlantischen wie auch den westatlantischen Zugweg nimmt: an der Küste Afrikas nach Süden, dann über den Südozean hinüber zur Antarktis südlich von Neuseeland und über Brasilien wieder nordwärts. Im Wattenmeer, dem südlichsten Rand ihres Brutgebietes, ist sie im Sommer anzutreffen.

Seeschwalben haben zwar ein weißgraues Gefieder wie Möwen, sind aber wesentlich kleiner und schlanker. Sie werden nur zwischen 24 und 40 Zentimeter lang. Mit ihren schmalen Flügeln, einem deutlich gegabelten Schwanz und einem spitzen Schnabel sind sie gut zu erkennen. Seeschwalben haben zudem eine schwarze Haube, was allenfalls eine Verwechslung mit der Lachmöwe erlaubt.

Mitte April treffen die Seeschwalben am Wattenmeer ein und brüten in großen Kolonien in Küstennähe. Sie wählen sandige Böden oder Flächen mit kurzem Rasen, wo die Nestmulde mit meist drei Eiern angelegt wird.

Schon Ende Juni sind die geschlüpften Jungen flügge. Dann muss viel trainiert werden, denn bereits Ende August beginnt für die Kleinen die jährliche Weltreise zum Südpolarmeer. Auch auf dem Zug fliegen Küstenseeschwalben in der Gruppe. Bei der Jagd nach Beute tauchen sie plötzlich kopfüber vollständig im Sturzflug ins Wasser ein, um sich einen Fisch zu schnappen.

Neben der Küstenseeschwalbe leben im Wattenmeer noch weitere Seeschwalbenarten: die Flussseeschwalbe, die rau krächzende Brandseeschwalbe und die zierliche Zwergseeschwalbe.

Hintergrund Die Küstenseeschwalbe hat einheitlich helle Schwingspitzen mit einem schmalen dunklen Hinterrand. Im Flug sind der gegabelte Schwanz und die durchscheinenden Handschwingen schön zu sehen. | **Hinweis** Küstenseeschwalben gehören bei uns zu den gefährdeten Arten, sie sind vom Aussterben bedroht.

89 Die Siele und Fahrrinnen

Einst Schlammlöcher im Watt, heute malerische Häfen

Ein Siel ist eine Unterbrechung in der durchgehenden Deichlinie. Es handelt sich dabei um ein schweres Tor mit zwei Flügeln, die sich durch den Druck des bei Ebbe auslaufenden Wassers automatisch öffnen. Dadurch kann das Wasser aus dem Hinterland ablaufen. Bei Flut schließen sich dann die Tore durch den steigenden Wasserdruck wieder, sodass kein Salzwasser ins Landesinnere eindringen kann.

Siele sind zwingend für die Entwässerung der hinter den Deichen liegenden Marschlandschaft notwendig, die sonst förmlich im Regenwasser ersaufen würde. Beim Auslaufen des Wassers vom Landesinneren in die Nordsee entstanden an den Sieltoren nach und nach sehr tiefe Rinnen im vorliegenden Watt. Diese waren bei Flut schiffbar. Entlang dieser Wasserwege durch das Wattenmeer bildeten sich viele kleine Sielhäfen, die heute die Küste, vor allen Dingen die ostfriesische, prägen.

Mancher Ort war dabei zu Anfang seiner Entwicklung noch ein wahres Schlammloch, in dem Schiffe und Segelboote stundenlang im Schlick versanken, bevor es mit auflaufendem Wasser weiterging. Heute sind die Schlammlöcher von einst beliebte Touristenattraktionen. Die historischen Sielhäfen wie Greetsiel, Neuharlingersiel und Carolinensiel sind ganz besonders malerisch anzuschauen und immer wieder perfekte Kulissen für Fernsehproduktionen. Von vielen Wattenmeerhäfen starten Krabbenkutter zum Fang, wie etwa auch in Dornumersiel. Neßmersiel, Harlesiel oder Schlüttsiel sind wichtige Fährhäfen zu den stark frequentierten Inseln und Halligen. Bensersiel hat die Fahrrinne nach Langeoog 1976 sogar ausgebaggert. Die weißen Fähren der Gemeinde können seitdem selbst bei Ebbe majestätisch durchs Watt gleiten. Tideunabhängig ist man auch am Fährhafen von Norddeich-Mole, was die Schiffsverbindungen nach Norderney betrifft. Die Entwässerung des Binnenlandes erfolgt dort über das Siel- und Schöpfwerk an der Leybucht.

Hintergrund Das »Benser Tief« entwässert das Hinterland. Im Übergangsbereich vom Kanal zum Hafenbecken am Watt befindet sich das Sielwerk von Bensersiel mit seinem Tor. | **Tipp** In Neuharlingersiel lohnt sich der Besuch des Sielhofs, eines historischen Backsteinbaus beim Siel- und Schöpfwerk (Tel. 04974/9148090, www.sielhof.com).

90 Die Silbermöwe

Groß und gesellig: als Paar durch ein langes Leben

Möwen am Himmel, das war für die alten Seefahrer ein gutes Zeichen: Land war nicht mehr weit, die Heimat und die Liebste nah. Der Flug einer Möwe am Himmel war die Verheißung auf einen guten Ausgang der Seereise, auf glückliche Heimkehr. Mit keiner anderen Tierart verbinden wir so stark Meeresrauschen und maritimes Leben. Der Möwenbestand schwankte in den letzten beiden Jahrhunderten stark und war auch immer Ausdruck seiner Zeit. Noch Ende des 19. Jahrhunderts wurden Möwen gern zum Zeitvertreib gejagt. Auch ihre Eier waren beliebt und eine Delikatesse.

Die Silbermöwe *(Larus argentatus)* ist die auffälligste Möwe unserer Küsten. Sie misst stattliche 55 bis 67 Zentimeter. Ihre Flügel spannen sich über eine Länge von 125 bis 155 Zentimetern. Der kräftige gelbe Schnabel hat unten einen roten Fleck an der Spitze. Hellgrau sind Mantel, Rücken, Schulterfedern und auch die Flügeloberseite, das restliche Gefieder ist weiß, die Füße sind rosa.

Silbermöwen können über 30 Jahre alt werden. Schon als Jungtiere kommen die Partner zu einer meist lebenslangen Ehe zusammen. Aufwendige Begrüßungszeremonien dienen der langfristigen Bindung, vor allem aber auch dem Finden des Partners, was in den dicht gedrängten Brutkolonien keine einfache Leistung ist. Sie erkennen sich am Ruf, und das selbst im Gekreisch einer 10.000 Brutpaare großen Kolonie. Das Brutpaar ist die wichtigste Einheit der Möwengesellschaft. Es verteidigt seinen Nistplatz energisch gegen zu nahe rückende Artgenossen, die bei sich bietender Gelegenheit nicht zögern würden, Eier oder Junge zu rauben.

Etwa 80.000 Silbermöwen-Brutpaare werden jährlich im Wattenmeer gezählt. Sie brüten in Küstendünen und sind recht brutplatztreu. Menschen sollten sich einem Brutplatz oder dem frisch geschlüpften Nachwuchs nicht zu sehr nähern. Dann werden die ansonsten für den Menschen ungefährlichen Vögel aggressiv und verteidigen ihre Brut.

Hintergrund Der Blick der Silbermöwe wirkt ein wenig grimmig. Die Iris ist meist schwefelgelb, manchmal weißlich, das Auge mit einem gelben, orangegelben oder roten Ring umfasst. | **Hinweis** Sieht man Möwen mit farbigen Beinringen, sollte man Ringfarbe und Buchstabenkombination an die Vogelwarte Helgoland melden (www.ifv-vogelwarte.de).

91__Die Strandaster

In der Andelgraszone: salzige und feuchte Wiese

Für die Salzwiesen des Wattenmeeres spielt die mittlere Hochwasserlinie eine wichtige Rolle. Sie bestimmt die durchschnittliche Zahl der Überflutungen, die Salzkonzentration des Bodens und die Bodenfeuchtigkeit. Was unter ihr liegt, wird jeden Tag zweimal überflutet. Was darüberliegt, muss das Salzwasser des Meeres zwar deutlich seltener aushalten, aber je nach Höhe auch noch mehrere hundert Male im Jahr, wenn die Flut besonders stark ist oder ein Sturm Wasser an die Küste drängt.

Im Bereich der unteren Salzwiese, die sich von der mittleren Hochwasserlinie etwa 40 Zentimeter hinaufzieht, befinden wir uns in der sogenannten »Andelzone«: Hier beginnt der Lebensraum des gleichnamigen Andelgrases, einer salztoleranten Pflanze, die sich wie ein Rasen ausbreitet und mit weiteren Pflanzenarten eine geschlossene Vegetationsdecke bildet. Dazu gehören etwa die Strandsode *(Suaeda maritima)*, der Stranddreizack *(Triglochin maritima)* oder die Portulak-Keilmelde *(Halimione portulacoides)*. Sie sind allesamt kleine Überlebenskünstler, die unterschiedliche Strategien entwickelt haben, um hier in der Nische zu überleben und sich zu behaupten.

Einer dieser Spezialisten ist auch die Strandaster *(Aster tripolium)*. Sie fühlt sich auf feuchten Böden am wohlsten und daher auch in den schlickigen Bereichen des Wattenmeeres. Sie ist die einzige wild wachsende Asternart Norddeutschlands und blüht relativ spät im Sommer zwischen Juli und September. Dann überzieht die Pflanze aus der Familie der Korbblütler die Salzwiesen mit prächtigen Feldern aus unzähligen kleinen Blüten, die blasslila bis weißlich schimmern. Die Blüte zieht Tausende von Schwebfliegen und Faltern an.

Zum Überleben greift die Strandaster tief in die Trickkiste der Salzregulation: Sie deponiert überschüssiges Salz einfach in ihren unteren Stängelblättern, die sich allmählich gelb färben, absterben und dann von ihr abgeworfen werden.

Hintergrund Ganz nah am Wasser und am Watt: Die Strandaster fühlt sich im unteren Bereich der Salzwiese wohl. | **Tipp** Noch mehr erfährt man auf einer Salzwiesenführung, etwa über den Cäciliengrodenpfad in Sande (Tel. 04422/958835, www.sande.de).

92 Der Strandflieder

Ein Blütenmeer: die Königin der oberen Salzwiese

Der höchstgelegene Abschnitt der Salzwiese heißt »Rotschwingel-zone«. Den Namen hat sie von einem Süßgras, das hier in der oberen Salzwiese wieder anzutreffen ist. Diese höchste Zone der Salzwiese reicht von etwa 40 Zentimetern bis zu einem Meter Höhe über der mittleren Hochwasserlinie. Das ist schon so hoch, dass Überflutungen in diesem Bereich nur noch selten passieren, lediglich 25- bis 50-mal im Jahr. Daher können sich hier wieder mehr Pflanzen ansiedeln, selbst erste Süßwasserpflanzen sind zu finden.

Je höher man kommt, umso größer wird die Artenvielfalt einer Salzwiese. In der oberen Salzwiese finden sich die Botten-/Salzbinse *(Juncus geradii)*, das Strand-Milchkraut *(Glaux maritima)*, die Strandgrasnelke *(Armeria maritima)*, der Strand-Beifuß *(Artemisia maritima)*, das Tausendgüldenkraut *(Centaurium litorale)* und andere Blühpflanzen.

Auch der Strandflieder *(Limonium vulgare)* ist hier oben zu Hause, den manche Meerlavendel nennen. Beides sind etwas irreführende Namen, denn botanisch hat die Pflanze weder etwas mit dem Flieder noch mit dem Lavendel zu tun, sondern ist mit der Grasnelke verwandt. Der Strandflieder besitzt spezielle Drüsen, um das Salz des Meerwassers aus dem Boden abzubauen. Mit deren Hilfe scheidet er es direkt über seine Blätter wieder aus. Bei trockenem Wetter kann man auf ihm daher auch eine Schicht mit feinen Salzkristallen sehen.

Der Strandflieder des Wattenmeeres, von dem es weltweit über 300 verschiedene Arten gibt, wird 15 bis 30 Zentimeter hoch. Seine Laubblätter stehen unten in einer Blattrosette zusammen. Darüber erheben sich locker verzweigte Rispen, auf denen Hunderte Einzelblüten sitzen. Zwischen Mai und Juli überziehen sie die Landschaft mit prächtigen Teppichen in Violett. Durch die Renaturierung vieler Salzwiesen ist die unter Naturschutz stehende Pflanze, die früher beliebt für Trockensträuße war, wieder häufig zu sehen.

Hintergrund Auf den Halligen in Schleswig-Holstein blüht der Strandflieder besonders schön und auf breiter Fläche. Hier heißt er auch Halligflieder. | **Tipp** Wer so einen schönen Teppich mit Strandflieder in natura sehen will, sollte im Sommer zur Hallig Langeneß fahren. Die Fähre startet in Schlüttsiel.

93 Die Strandkrabbe

Ganz schön gefräßig: Jäger und Beute zugleich

Zu diesem Tier darf man ruhig »Krabbe« sagen, ohne falschzuliegen wie etwa bei der Nordseegarnele (siehe Kapitel 58). Die »Echte Krabbe« *(Carcinus maenas)*, wie die Strandkrabbe daher auch heißt, ist ein typischer Krebs. Die zwei vorderen ihrer zehn Beine sind zu kräftigen Scheren ausgebildet, mit den anderen acht läuft sie – meist seitlich. Fressen tun die geschickten Räuber praktisch alles, was ihnen vor die Zangen kommt: von Aas und Algen über Weichtiere wie Würmer bis hin zu Muscheln und Schnecken, deren harte Schalen die Krabbe knackt.

Selbst Fische fängt sie mitunter, und auch vor kleineren Artgenossen macht sie keinen Halt. Strandkrabben fressen jährlich zehn Prozent der Biomasse des Watts auf! Sie gelten daher als eine Schlüsselart des Wattenmeeres und sind selbst wichtiges Futter für Möwen, Eiderenten und Fische.

Bei Wattwanderungen oder am Strand kann man häufig Strandkrabben finden. Doch was da regungslos vor einem liegt, ist oftmals nur eine leere Hülle. Denn auf dem Weg zur ausgewachsenen Krabbe muss sich das Tier Dutzende Male häuten. Der harte Panzer kann nicht mitwachsen, und so wird er mehrmals jährlich abgestreift. Die »nackte« Strandkrabbe wird nach der Häutung »Butterkrebs« genannt, weil sie einen Tag lang ganz weich ist. Sie bläht sich durch Schlucken von Wasser auf und lässt die nächste Hülle ein wenig größer erstarren, damit sie anschließend hineinwachsen kann. Bis es ihr wieder zu eng wird im Panzerkleid und sie sich erneut häuten muss. Trotz ihres Panzers wird sie selbst oft zum Opfer und steht auf dem Speiseplan von Fischen und Vögeln.

Wenn sich das Männchen im Sommer mit dem Weibchen paaren will, muss es den Zeitpunkt der Häutung abwarten. Um den ja nicht zu verpassen, schleppt eine männliche Strandkrabbe seine Angebetete mehrere Tage unter seinem Bauch herum, bis sie das Schwanzteil hochklappt und begattet werden kann.

Hintergrund Die Strandkrabbe ist im Wasser wie an Land überraschend schnell und kann auch ruckzuck die Laufrichtung ändern. Dabei bewegt sie sich seitlich fort. Auf Plattdeutsch wird sie »Dwarslöper«, »Querläufer«, genannt. | **Info** Abgerissene Arme und Beine der Krebse wachsen nach: Nach etwa vier Häutungen ist das fehlende Glied wieder komplett ersetzt.

94__Der Teek als Dünger
»Hoorn-Power«: mehr Wachstum aus Meeresabfällen

Er ist zu einer rechten Plage geworden an den Küsten des Wattenmeeres: der Teek. Dabei handelt es sich um Treibgut, das nach Sturmfluten angeschwemmt wird und sich am Strand oder Deich absetzt.
Zum Leidwesen der Küstenschützer. Denn Pflanzenreste, Tang und
Treibsel können Schaden an der empfindlichen Grasnarbe des Dei-
ches anrichten. Sie müssen ebenso wie angeschwemmter Müll regelmäßig entsorgt werden. Dafür sind an der deutschen Nordseeküste
die Deichverbände zuständig.

An der Ostsee gibt es seit 2016 das Pilotprojekt POSIMA am
Geographischen Institut der Christian-Albrechts-Universität zu
Kiel, das Ostseegemeinden darüber aufklärt, wie sie Treibsel auch
als natürliche Ressource nutzen können. Noch einen Schritt weiter
geht das Ökowerk in Emden an der ostfriesischen Nordseeküste:
Es hat in mehrjähriger Forschungsarbeit einen Dünger entwickelt, der zu 70 Prozent aus dem lästigen Abfall des Wattenmeeres besteht, vor allen Dingen aus Blasentang, der sich in großen
Mengen vor dem Gelände am Deich zur Ems sammelt. Die rest-
lichen 30 Prozent stammen von Pflanzen, die unter salzhaltigen
Bedingungen gedeihen.

Einen Namen hat das neue Produkt auch schon: »Hoorn-Power«,
benannt nach einem seiner maßgeblichen Väter, Gerhard van Hoorn,
verantwortlich für das Dünger-Forschungsprojekt in Emden. Umfangreiche Testreihen haben gezeigt, dass mit dem Naturdünger eine
Ertragssteigerung in einer Größenordnung von über 110 Prozent zu
erreichen ist, etwa bei dem in der Landwirtschaft häufig zu finden-
den Weidelgras. Er regt die Aktivität von Kleinstorganismen an und
verbessert somit die Bodenfruchtbarkeit.

Aber vielleicht noch viel wichtiger: Den Forschern ist es gelungen,
den Dünger in Form von Pellets anzubieten, der von den Landwirten
mit bestehender Technologie sofort eingesetzt werden kann. 200 Kilo
wurden für einen großen Feldversuch 2020 bereits produziert.

Hintergrund Die Pellets aus dem Teek eignen sich nicht nur zum Düngen. Sie sind auch ein sehr eiweißreiches pflanzliches Futtermittel, wären also ein Ersatz für Sojaimporte. | **Info** Mehr über den neuen Dünger aus dem Meer, den »Hoorn-Power«, erfährt man beim Ökowerk Emden (www.oekowerk-emden.de).

95__Der Tourismus-Visionär

Joke Pouliart: ein Nationalpark-Experte mit Mission

Er denkt immer weit voraus. Sei es mit seinem Wattwanderzentrum Ostfriesland in Harlesiel, das die erste Buchungsplattform im Internet für Wattwanderungen war und sich schnell etabliert hat (siehe Kapitel 106), sei es mit seinem Gulfhof Friedrichsgroden in Carolinensiel. Dieser ist Treffpunkt und Veranstaltungsort für Natur, Kultur und Bildung in der Wattenmeerregion – für den »Biosphärenmarkt« wie auch für die »Biosphärenkonzerte« des Nationalparks.

Die besondere Leidenschaft von Joke Pouliart gilt aber der Weiterentwicklung der Wattenmeerregion in Richtung nachhaltiger Tourismus und dem Schnüren ganzheitlicher Pakete aus dem Trio Watt, Natur und Kultur. Immer häufiger ist er für Reiseunternehmen aus dem In- und Ausland als Berater und mit »waddensea.travel« als Incoming-Agentur tätig. So auch für die »Erlebnistouren Wattenmeer« des WWF und für ARCATOUR, einen in der Schweiz führenden Reiseveranstalter für nachhaltiges Reisen, die bei der Planung auf sein Expertenwissen und großes Netzwerk in der Wattenmeerregion setzen.

Er wendet sich an ein Publikum mit Qualitätsbewusstsein: »Einer Qualität, die durch Tourismus eine Landschaft, aber auch die Lebensqualität der Akteure und Bewohner der Region fördert und ihre Arbeit und Authentizität wertschätzt.« Und nur was der Mensch kennt, kann er auch schützen. Daher sind für ihn der Wissenstransfer und das Erlangen von Kompetenzen vor Ort entscheidende Bausteine auf dem Weg zu mehr nachhaltiger Entwicklung, Klimaschutz, Artenschutz und Biodiversität in Ostfriesland. Kurz gesagt: Bildung und Bewusstsein, darauf kommt es an.

Das ist die Mission, für die er angetreten ist und für die er immer mehr Plattformen bekommt. Die Fernsehauftritte des telegenen Wattführers mit dem langen Zopf nehmen sichtbar zu. Immer häufiger ist Joke dort ein Gesicht und Botschafter: »Im Prinzip geht es dabei stets um die Zukunftsfähigkeit unserer Region.«

Hintergrund Neben der Betreuung von Reisegruppen hat Joke, der wie in der Watt-wanderszene üblich nur mit dem Vornamen angesprochen wird, auch seine individuell buchbaren Wattwanderungen im Programm. | **Info** Mehr zum Nationalpark-Partner ist unter Tel. 0173/9978231 oder www.waddensea.travel zu erfahren.

96_Das trilaterale Gremium
International: Das Gemeinsame Wattenmeersekretariat

Das Wattenmeer und seine tierischen Bewohner kennen keine Grenzen, weder die Vögel noch die Fische, die Robben und die Wale. Es ist der Mensch, der hier die Grenzen gezogen hat: die internationalen zwischen den Niederlanden, Deutschland und Dänemark, die regionalen zwischen gleich drei Nationalparks, mit denen das föderale Deutschland am Wattenmeer vertreten ist. Die zentrale Instanz, die die Fäden für insgesamt fünf Verwaltungseinheiten zusammenhält und die Aktivitäten koordiniert, fördert und unterstützt, ist das »Gemeinsame Wattensekretariat«, das international bekannt ist als das »Common Wadden Sea Secretariat« (CWSS).

Die trilaterale Zusammenarbeit der drei Anrainerstaaten des Wattenmeeres basiert auf einer politischen Übereinkunft und wird seit 1987, also seit bereits über 30 Jahren, von Wilhelmshaven aus verwaltet. Mit der Ernennung des Wattenmeeres zum Weltnaturerbe 2009 ist die langjährige länderübergreifende Zusammenarbeit belohnt worden. Das CWSS setzt seitdem die Verpflichtungen aus der UNESCO-Welterbekonvention um. Als Naturerbe der Menschheit ist das Wattenmeer, wenn man so will, wieder grenzenlos geworden. Die Organisation, die für den Austausch zwischen den Akteuren sorgt, die die vielen Stimmen orchestriert und dann letztendlich mit einer, der des Wattenmeeres, spricht, ist das CWSS.

Das CWSS hat viele Expertengruppen, etwa zu Zug- und Brutvögeln oder dem Klima. Am bekanntesten ist wohl die »EG Seals«, die jedes Jahr die Bestandszahlen der Robbenpopulationen für die Wattenmeer-Nordsee veröffentlicht. Besonders wichtig für die Entwicklung der gesamten Wattenmeerregion sind zwei Netzwerkgruppen: Die »NG Education« kümmert sich um Bildungsprogramme in den drei Ländern, die »NG Sustainable Tourism« um nachhaltigen Tourismus an der Wattenmeerküste. Das größte Projekt der Zukunft ist die Entwicklung eines »Partnership Hub« (siehe Kapitel 63).

Hintergrund Wattenmeer ohne Grenzen: Bernard Baerends ist seit September 2019 Exekutivsekretär und damit Leiter des Gemeinsamen Wattenmeersekretariats. | **Info** Noch sitzt das CWSS in der Virchowstraße 1 in Wilhelmshaven, 2022 wird es in das neue Trilaterale Partnerschaftszentrum am Banter See umziehen.

97 _ Das Trockenfallen

Wie ein Plattbodenschiff im Wattenmeer Platz nimmt

Die »Friesland« ist ein historischer Frachtensegler. Gebaut wurde sie 1898 in Elmshorn. Noch Anfang des 20. Jahrhunderts transportierte sie auf der Unterelbe Steine, Zement und Kohle. Heute ist sie im Privatbesitz von Eckhard Janßen und Margareta Ihnen und eines der Schmuckstücke, die im historischen Museumshafen von Carolinensiel vor Anker liegen. Die »Friesland« ist ein Ewer, der zu seiner Zeit am häufigsten gebaute Segelschiffstyp für den Gütertransport. Das Plattbodenschiff ist für flaches Fahrwasser gebaut und ideal für das Trockenfallen im Watt.

Eine Spezialität, die es so nur im Wattenmeer gibt. Bei Flut geht es hinaus in die Nordsee, und dann lässt man sich bei ablaufendem Wasser mit dem Schiff auf Grund fallen. So weit die Theorie. Wie gut das Trockenfallen in der Praxis klappt, hängt unter anderem von der Beschaffenheit des Meeresbodens ab. Fester Sand, Muschelbänke, weicher Untergrund sowie Informationen aus der Seekarte müssen berücksichtigt werden. Auch das Wetter und die zu erwartenden Wasserstände, zum Beispiel ob eine Spring- oder Nipptide mit extremer oder schwacher Ebbe und Flut zu erwarten ist, sind wichtig. Ein Wetterumschwung kann einen ruhigen Platz und die idyllische Atmosphäre schnell zu einem ungemütlichen bis gefährlichen Ort werden lassen.

Nachdem Janßen mit dem Echolot die Tiefe von 1,5 Metern gemessen hat, ist ein geeigneter Ort zum Trockenfallen gewählt. Da das 18 Meter lange und 4,3 Meter breite Schiff plan (»liek«) und nicht schief an einer Prielkante zum Liegen kommen soll, prüft seine Frau Margareta mit der althergebrachten Methode des Lotens mit dem Peilstab die gleichmäßige Tiefe rund um das Schiff.

Ganz still setzt die »Friesland« auf. Beide genießen diese Momente sehr: »Wir sind dann der Natur im positiven Sinne ausgeliefert. Vor unseren Augen entsteht langsam eine neue Landschaft, und die Zeit scheint stillzustehen.«

Hintergrund Für das Trockenfallen im Watt sollte man etwas Zeit mitbringen. Denn es geht bei Flut los und auch wieder zurück. Und zwischen zwei Hochwassern liegen mehr als zwölf Stunden. | **Info** Selten, aber für jedermann buchbar sind Schiffsfahrten ab Fedderwardersiel mit Trockenfallen im Hoheweg-Watt – ausgezeichnet mit dem Innovationspreis Niedersachsens (Tel. 04721/667600).

98 Das UNESCO-Weltnaturerbe

Der Ritterschlag: »Welcome to the Weltwunder!«

Das Wattenmeer vor den Niederlanden, Deutschland und Dänemark gehört der ganzen Menschheit: Es ist von »außergewöhnlichem universellen Wert«. Dies wurde mit der Aufnahme in die UNESCO-Welterbeliste 2009 bestätigt. Nur drei Weltnaturerbestätten gibt es hierzulande gegenüber insgesamt 37 Weltkulturerbestätten. Neben dem Wattenmeer sind dies die Grube Messel in Hessen, die diesen »Nobelpreis für Natur« 1995 als Erste erhielt, sowie die Alten Buchenwälder, die im Jahr 2011 zum Weltnaturerbe ernannt wurden. Für die Beurteilung eines Welterbeantrags wendet die UNESCO zehn verschiedene Kriterien an, vier davon sind für Naturerbestätten reserviert. Eines der Auswahlkriterien hätte für eine Aufnahme in die Welterbeliste gereicht, doch das Wattenmeer konnte gleich dreimal punkten:

Es ist erstens »ein herausragendes Beispiel der Erdgeschichte«, da es mit seiner einzigartigen Geologie und Dynamik viel von der Entwicklung des Nordseeraums seit der Eiszeit vor 12.000 Jahren bis heute erzählt. Es ist zweitens »ein außergewöhnliches Beispiel bedeutender und andauernder ökologischer und biologischer Prozesse«, denn geformt fast ausschließlich von den Kräften der Natur – von Wind, Sand und Gezeiten –, ist die Landschaft ständig im Wandel und im Prozess der Anpassung. Und drittens ist das Wattenmeer »ein bedeutender natürlicher Lebensraum zur Erhaltung der biologischen Vielfalt«.

Rund 10.000 verschiedene Arten haben im Wattenmeer ihr Zuhause – von einzelligen Organismen über Pilze bis hin zu Pflanzen und Tieren. Würmer, Muscheln, Fische, Vögel und Säugetiere haben alle hier ihr Revier gefunden und bilden ein perfekt austariertes Ökosystem. Zehn bis zwölf Millionen Zugvögel machen auf ihrem Weg von den Brut- zu den Tausende Kilometer entfernten Überwinterungsgebieten eine Rast am nahrhaften Wattenmeer.

Hintergrund Ein UNESCO-Welterbe muss Integrität, heißt Unversehrtheit, vorweisen sowie Schutz und Management des Gebiets gewährleisten. Kein Problem für das Watten-meer! | **Info** UNESCO-Weltnaturerbe zu sein ist nicht nur Ehre, sondern zugleich eine Verpflichtung. Einen Überblick liefert die offizielle Webseite in vier Sprachen, darunter auch in Deutsch, unter www.waddensea-worldheritage.org.

99___Der Vogel-beobachtungsturm

Am Hafen von Neßmersiel: Watvögel zum Greifen nah

Im Wattenmeer, das zu den vogelreichsten Gebieten der Erde gehört, lassen sich zu jeder Jahreszeit Vögel beobachten. Über 60 Wasservogelarten nutzen das Revier mit dem überaus reich gedeckten Tisch im Frühjahr und Herbst als Rastplatz während ihres Vogelzugs. Rund 40 Vogelarten brüten im Sommer hier und bringen ihren Nachwuchs auf den sicheren, weitestgehend unter Naturschutz gestellten Flächen zur Welt.

Eine besonders schöne Stelle, um die Vielfalt der Vogelwelt in natura zu erleben, ohne sie zu stören, ist ganz in der Nähe des Fährhafens von Neßmersiel. Dort wurde vor einigen Jahren vom Nationalpark Niedersächsisches Wattenmeer und der Gemeinde Dornum ein stabiler Vogelbeobachtungsturm aufgestellt. Er steht am Rande eines Spülbeckens, das sich bei Flut zu einem See füllt und dessen Wasser, bei Ebbe herausgelassen, die Fahrrinne zur Insel Baltrum freispült. Dieser flache Stausee ist äußerst attraktiv für Wat- und Wasservögel.

Denn kurz vor Hochwasser sind ihre Nahrungsflächen draußen im Watt überspült, dann schwärmen sie alle herein. Das ist auch die beste Zeit für uns Menschen, um durch das Spektiv vom Turm aus den Blick auf sie zu richten. Hier kann man im Sommer einer Kolonie von Säbelschnäblern so nahe kommen wie nirgendwo sonst.

Die eleganten Großvögel mit dem schwarz-weißen Gefieder waten auf ihren langen Stelzenbeinen durch das Rückhaltebecken und pflügen auf Nahrungssuche mit ihrem leicht nach oben gebogenen Schnabel durch das seichte Wasser. Die meisten dieser prächtigen Watvögel ziehen im Winter nach Portugal, an die wärmere Algarve.

Auch Austernfischer und Rotschenkel gibt es viele zu sehen, dazu am Himmel noch Kiebitze, Feldlerchen und Wiesenpieper, sogar ab und zu eine Rohrweihe, und selbst die seltene Sumpfohreule kann man am Tag bei ihren Beuteflügen über die Salzwiese verfolgen.

Hintergrund Der Vogelbeobachtungsturm erhebt sich kurz vor der Hafeneinfahrt in Neßmersiel rechts am Speicherpolder. An ihm kommen auch alle Wattwanderer von und nach Baltrum vorbei, die von hier über einen Salzwiesenpfad weiter zum Start- und End-punkt ins Watt gehen.

100_Die Vogelinsel Mellum

Hier ist der Mensch nur ganz selten Zaungast

Im Mündungsbereich von Jade und Weser liegt eine kleine Insel im niedersächsischen Wattenmeer: Mellum. Sie bildet die Spitze eines nahezu dreieckigen Strömungsschattens, der sich als gigantische Wattenlandschaft bis zum Landfinger von Butjadingen hinunter erstreckt. Mellum ist eine von insgesamt drei unbewohnten Inseln des Nationalparks und liegt in der am strengsten geschützten Ruhezone. Sie gilt als Musterbeispiel für eine natürliche, vom Menschen unbeeinflusste Entwicklung. Von 1903 bis heute ist sie von sieben auf über 450 Hektar angewachsen.

Der Mensch ist hier nur ab und an Zaungast in einer grandiosen Vogelwelt, die auf dem nur drei Mal zwei Kilometer großen Flecken in den Wogen der Nordsee brütet, rastet, jagt und frisst. Silber- und Heringsmöwen zählen mit über 5.000 Paaren zu den häufigsten Brutvögeln. Löffler, Schwarzkopfmöwen und Wanderfalken brüten ebenfalls hier. Auch Eiderenten gibt es zuhauf – ein Viertel des deutschen Bestandes, seltene Weihen, eine Kormoran-Kolonie.

Im Winter wohnt auf Mellum keiner. Wenn es wärmer wird, schlagen zwei bis vier ehrenamtliche Naturschutzwarte ihr Lager auf der Düneninsel auf, um das Schutzgebiet zu betreuen, die Vogelbestände zu erfassen und Daten für den Umwelt- und Naturschutz zu erheben. Ganz selten im Jahr – außerhalb der Brutzeit und nur für eine begrenzte Anzahl von Personen – gibt es mit dem Schiff von Wilhelmshaven aus drei bis vier Exkursionen auf die Insel.

Diese Sonderführungen werden vom Mellumrat durchgeführt, einem Naturschutzverein, der bereits seit 1925 besteht. Heute spielen zudem Umweltschutz und Forschung eine wichtige Rolle bei der Gemeinschaft, die die Vogel- und Brutgebiete auf den Inseln Wangerooge, Minsener Oog und Mellum sowie an zwei weiteren Stationen betreut. Das Emblem des Vereins ist die Mellumbake, ein 22 Meter hohes Seezeichen, das 1976 bei Wartungsarbeiten abbrannte.

Hintergrund Vom Beobachtungsturm auf Mellum hat man den besten Blick auf das Vogelparadies und seine Dünen. | **Tipp** Über Termine für die seltenen Exkursionen zur Vogelschutzinsel informiert der Mellumrat (Tel. 04451/84191 oder www.mellumrat.de).

101 Das Wahrzeichen

Weitblick von oben: der Leuchtturm Westerheversand

Er ist der absolute Lieblingsleuchtturm des Wattenmeeres. So schön und so malerisch wie er ist keiner. Das mag an seinen strahlenden rot-weißen Ringeln liegen, die sich so kontrastreich vor dem blauen Wölkchenhimmel abheben, aber auch an den beiden zwillingsgleichen Häusern zu seinen Füßen, die ihn einrahmen und das Postkartenidyll erst komplett machen. Der Leuchtturm Westerheversand, der sich im Deichvorland vor dem Ort Westerhever erhebt, ist das Wahrzeichen der Halbinsel Eiderstedt und der gesamten holsteinischen Küstenregion schlechthin. Selbst die friesischen Bierbrauer aus dem fernen Jever haben keinen schöneren für ihre Werbung gefunden.

Frei stehend in der Landschaft und nur über einen 2,5 Kilometer langen Fußmarsch durch die Salzwiesen zu erreichen, verstärkt sich noch die Fernwirkung des rund 40 Meter hohen Turms. Er erscheint noch höher, weil er auf einer eigens für ihn aufgeschütteten Warft errichtet wurde. Die 127 Eichenpfähle, auf denen er seit 1907 steht, geben ihm die nötige Standfestigkeit, sodass er nicht im weichen Watt einsinken kann. Seit mehr als 100 Jahren trotzt er der Nordsee. Bei Sturmfluten ist er komplett von Wasser umgeben und überblickt auf seiner kleinen Insel sicher das weite Meer.

In den zwei hübschen Häusern zu seiner Seite wohnten früher die Leuchtturmwärter mit ihren Familien. Heute werden die Gebäude von der Schutzstation Wattenmeer für Seminare und Ausstellungen zur Umweltbildung genutzt. Leuchtturmwärter, die die 157 Stufen im Innern regelmäßig erklommen, gibt es seit 1978 nicht mehr. Doch »Westerheversand« dient der Schifffahrt noch immer als Seezeichen. Gesteuert wird das Leuchtfeuer automatisch von Tönning aus. Es trägt sehr weit: Sein direktes Licht strahlt über bis zu 39 Kilometer. Indirekt ist sein Lichtschein noch über 55 Kilometer zu sehen. Bei klarer Sicht kann man ihn sogar von Helgoland aus erkennen.

Hintergrund Bilderbuch-Leuchtturm für Traumhochzeiten: Auf der vierten Etage befindet sich heute ein kleines Trauzimmer für ein ausgesprochen maritimes Jawort. | **Info** Öffentliche Führungen gibt es montags, mittwochs und samstags von Ostern bis Ende Oktober. Kinder dürfen erst ab acht Jahren hinauf (Anmeldung unter Tel. 04865/1206).

102__Die »Wältmeisterschaft«

Klassiker in der Krummhörn: Schlickschlittenrennen

Auf der ostfriesischen Halbinsel liegt die Metropole eines Sports, den man so auch nur im Wattenmeer ausüben kann: das Schlickschlittenrennen. Jedes Jahr zieht es wahre Heerscharen in einen sehr kleinen Ort in der Krummhörn. In Upleward, südlich von Greetsiel und dem berühmten »Otto-Leuchtturm« von Pilsum, findet das Kult-Event der Region statt: die »Schlickschlittenrennen-Wältmeisterschaft«. Seit mehr als 30 Jahren werden hier Wettkämpfe ausgetragen. Vom Watt-Fußball über den Aal-Sprint und den »Watt'n Achter« bis zum Wattziehen reicht die schmutzige Palette.

Hunderte Wettkämpfer und Wettkämpferinnen werfen sich in wildeste Kostüme, geben sich die verrücktesten Namen und suhlen sich im feuchten Schlick. Nachher sehen alle aus wie die Schweine: ein Heidenspass für die »Wattlethen« und die bis zu 5.000 begeisterten Zuschauer an den Deichrängen.

Drei Disziplinen gilt es im Hauptwettkampf, dem großen Rennen um die »Wältmeisterschaft« mit dem Schlickschlitten, zu absolvieren: Im ersten Durchlauf kommt es auf die Geschwindigkeit an, im zweiten – dem »Reusenrennen« – auf die Kombination von Schieben und Sprinten, im abschließenden Durchgang muss sich das Team im Staffelrennen beweisen. »Auf die Plätze, fertig – WATT!!!«, schallt das Startkommando von Bürgermeister Frank Baumann über die Arena.

Mit Johann Saathoff, der gleich nebenan in Pewsum zu Hause ist, zählt man auch einen bekannten Bundespolitiker zu den mehrfachen »Wältmeistern«. Der »schmutzige Sport für eine saubere Sache« ist eine Benefizveranstaltung, die neben dem Veranstalter, der Touristik GmbH Krummhörn-Greetsiel rund um Manager Heinrich Heinenberg, auch von zahlreichen Sponsoren aus der Region unterstützt wird. Zurück bleiben viele dreckige Schlickschlitten und die Flut, die sich langsam, aber sicher das Spielfeld im Watt vor dem Deich von Upleward wieder zurückerobert.

Hintergrund Bei dem Kult-Event am Deich von Upleward spielen Schlickschlitten die Hauptrolle in der Wattarena (www.schlickschlittenrennen.de). | **Info** Ein Comeback feiert der Schlickschlitten auch als Rettungsfahrzeug. Die DLRG in Varel hat bereits erste Prototypen entwickelt.

Greetsiel.de

103 Die Wasserstraßen

Von Prielen und Pricken: Hier geht es durch

Das Wattenmeer ist durchzogen von Wasserläufen. Auf ihnen strömt die Nordsee bei Flut herein, auf ihnen fließt sie bei Ebbe wieder ab. Der Hauptstrom der Seegatts teilt sich hinter den Inseln weiter auf, in vielen Seitenzweigen und kleinen Verästelungen läuft das Wasser der Nordsee immer tiefer hinein ins Watt. In unzähligen Windungen schlängelt es sich durch die schlickige Ebene, Stunde um Stunde füllt es das flache Becken, bis sich alles wieder zu einem einzigen großen Wasser vereint: das Wattenmeer bei Hochwasser.

Auf den gleichen Wegen, auf denen es gekommen ist, zieht das Wasser sich auch wieder zurück, auf dem Gezeitenbaum der Wasserstraßen. Denn wie ein Baum sieht das faszinierende Gebilde der mäandernden Wasserwege von oben aus: der dicke Stamm des Seegatts, der sich zu den breiten Baljen verzweigt, die tiefen Priele als Hauptäste, die sich weit strecken, und die Krone aus unzähligen kleinen Wasserrinnen. Wenn das Wasser komplett abgelaufen ist, liegt das Watt unter Silberglanz begraben frei: das Wattenmeer bei Niedrigwasser.

Die Wege des heranflutenden und abebbenden Wassers bilden die natürlichen Wasserstraßen dieses Systems und sind äußerst wichtige Verbindungen für den Schiffsverkehr. Wo die Passage sicher ist, das zeigen Birkenstämmchen, die sich in langen Reihen entlang der Kante der Wasseradern durchs Watt ziehen: die Pricken. Sie sind die Wegweiser des Wattenmeeres. Wasser- und Schifffahrtsämter überprüfen regelmäßig deren Position, denn die Lage der Priele ändert sich im dynamischen Wattenmeer ständig. Bis zu 3.000 Pricken müssen an der Nordsee jedes Jahr neu gesteckt werden, damit kein Skipper auf Grund läuft.

Wenn sich die Zweige einer Pricke nach oben verbreitern, ist die Reihe von See kommend backbord zu passieren. Wenn die Zweige nach unten breiter gebunden sind, wie bei einer Tanne, dann geht es hier für die Kapitäne und Skipper steuerbord entlang.

Hintergrund Die Kraft des Wassers ist zwischen den Seegatts besonders groß: Mit sieben Kilometern pro Stunde strömt es hier durch, bevor es sich im Gezeitenbaum weiter verästelt. | **Tipp** Bei vielen Ausflugsfahrten auf Fähren und Kuttern geht es entlang der Pricken ins Watt. Wer ihrer Spur folgt, weiß auch, wo die Priele sind.

104__Das Wattmobil

Ausgezeichnet: barrierefrei in schwieriges Gelände

Eine Wattwanderung, die war lange Zeit ausschließlich denjenigen vorbehalten, die zu Fuß ins Watt hineingehen konnten. Wer nicht so mobil war, ob durch ein Handicap, eine Verletzung oder eine altersbedingte Konditions- und Gehschwäche, der hatte in aller Regel keine Möglichkeit, das Wattenmeer selbst zu erkunden. Das änderte sich erst, als ein ganz neuartiges Gefährt das barrierefreie Angebot an der norddeutschen Küste bereicherte: das Wattmobil.

Dabei handelt es sich um eine Art Buggy zum Schieben mit drei dicken luftgefüllten Ballonreifen. Sie sind ohne Profil, haben eine Breite von 23 Zentimetern und einen Durchmesser von 49 Zentimetern. Das führt zu einer geringen Haftung, sodass man auch durch Schlick und anderes unwegsames Gelände kommt. Wird's zu schwierig, kann von vorne noch gezogen werden. Durch eine spezielle Aluminiumkonstruktion ist das Wattmobil sehr leicht: Das gesamte Gefährt wiegt nur 15 Kilo und lässt sich zum Transport in zwei Teile zerlegen.

Entwickelt wurde es von einer Projektgruppe mit vielen beteiligten Institutionen, die ihren Ursprung an der Fachhochschule Wilhelmshaven hatte. Eine besondere Herausforderung war dabei das Salzwasser. Als das Wattmobil nach vielen Testfahrten schließlich 2004 produktionsreif war, übergaben die Tüftler es an die »Gemeinnützige Gesellschaft für Paritätische Sozialarbeit« (GPS) der Hafenstadt, die es seither in ihren Werkstätten herstellt.

Wattmobile sind in vielen Orten entlang der gesamten Nordseeküste, auf Inseln wie Spiekeroog, Wangerooge, Föhr, Amrum und Sylt sowie im Wattenmeerbesucherzentrum in Wilhelmshaven im Einsatz. Mancherorts, wie etwa in Norddeich, werden speziell auf das Wattmobil abgestimmte Watttouren angeboten. Für hartes Sandwatt eignet sich auch ein Strandrollstuhl. Eine Übersicht der barrierefreien Angebote findet sich auf den Webseiten der Nationalparks Niedersächsisches und Schleswig-Holsteinisches Wattenmeer.

Hintergrund Hohe Auszeichnung für das Wattmobil aus Wilhelmshaven: 2020 wurde es zu einem Vorzeigeprojekt für die von den Vereinten Nationen ausgerufene »Dekade der Biologischen Vielfalt«. Es platzierte sich in einem Sonderwettbewerb für beispielhaftes Wirken an der Schnittstelle von Natur und sozialen Fragen. | **Tipp** Mehr zum Hersteller GPS findet sich auf www.gemeinsam-unterstützen.de.

105___Der Wattwagen

Zur Insel Neuwerk: von Pferdekutschen und Prielen

Im Hamburgischen Wattenmeer liegt Neuwerk, die einzige bewohnte Insel im kleinsten Nationalpark des Weltnaturerbes. Zwölf Kilometer liegt sie vom Festland entfernt im Watt, was im Vergleich mit anderen Inseln vor der deutschen Nordseeküste ein relativ weiter Weg ist. Das Eiland kann man auf dem Wasser per Schiff von Cuxhaven aus erreichen oder per pedes mit einer geführten Wattwanderung, die etwa dreieinhalb Stunden dauert. Das haben andere Inseln auch. Doch nur nach Neuwerk kann man mit einer Pferdekutsche durch das Watt fahren. Das gibt's sonst nirgendwo.

Die Frage ist allerdings, wie lange noch. Denn die Strecke ist für die Kutscher auf den gelb leuchtenden Wattwagen immer häufiger unpassierbar. Einer von ihnen ist Werner Fock, seit 1909 ist seine Familie schon auf Neuwerk zu Hause. Fünf Kutschen betreibt er in der Hochsaison. Die müssen auf ihrer Fahrt durch zwei tiefe Priele: das »Sahlenburger Loch« und das »Duhner Loch«. Deswegen sind die Kutschen mit ihren drei Sitzreihen auch nur mit einer Leiter zu erklimmen. Doch selbst mit 1,25 Metern Wagenhöhe wird es mittlerweile knapp, das Wasser läuft zu oft zu hoch auf.

Und das liegt in diesem Fall nicht am steigenden Meeresspiegel, sondern an der immer reißender werdenden Gezeitenströmung. Diese höhlt die beiden Priele stetig aus, die Wagen sinken immer tiefer ein: »Früher konnte man bis zu 70 Zentimeter über Normalnull noch fahren, heute ist schon bei 30 Zentimetern Schluss«, weiß Fock zu berichten. Durch den Leitdamm für die Elbe fließe das Wasser bei Flut nicht mehr in den Fluss, sondern nach Westen durch die Priele. Jetzt sei der Küstenschutz des Landes gefordert.

Wenn im Januar und Februar an 15 Tagen kein Durchkommen ist, wie 2020, dann ist das ärgerlich. Wenn aber in der Sommersaison komplette Wochenenden für den Tourismus ausfallen, keine Kutsche durchkommt, kein Gast die Insel über das Watt betreten kann, dann geht es den Neuwerkern an die Existenz.

Hintergrund Besonders abwechslungsreich sind Touren, bei denen man eine Kutschfahrt auf dem Wattwagen mit einer Wattwanderung oder einer Rückfahrt mit dem Schiff kombiniert. | **Tipp** Im Heuhotel kann man ganz naturverbunden auf Neuwerk übernachten (Tel. 04721/29043, www.wattfahrten.de).

106_ Das Wattwanderzentrum

Onlinebuchung per Portal: alles aus einer Hand

Wer eine Wattwanderung buchen möchte, der wird heute zumeist im Internet fündig. Jeder Wattführer hat hier sein Programm für die Saison hinterlegt, den Treffpunkt, den Preis und die Startzeiten. Doch eines muss man in aller Regel immer noch tun: anrufen. Die Anmeldung ist meist noch analog, oft wird auf einen Anrufbeantworter gesprochen, per Rückruf bestätigt.

Ganz anders ist das beim Wattwanderzentrum Ostfriesland mit Sitz im ostfriesischen Harlesiel. Dessen Gründer Joke Pouliart (siehe Kapitel 95) hat von Anfang großen Wert auf die Digitalisierung des Angebotes gelegt. Denn auf seiner Internetseite www.waddensea. travel kann man sich nicht nur über Wattwanderungen informieren, sondern sie auch gleich buchen. Das Angebot umfasst Touren, die in Harlesiel starten, aber auch solche, bei denen man von anderen Orten losgeht, wie beispielsweise bei Wanderungen nach Baltrum, zur Minsener Oog oder zum Leuchtturm von Arngast. Auch das Fährticket für die jeweilige Insel kann online erworben werden. Sie ist die erste digitale Buchungsplattform für Wattführungen und in dieser Form wegweisend.

Zum Wattwanderzentrum Ostfriesland gehört auch ein Ladenlokal direkt am Strand von Harlesiel. Hier bekommt man alles, was das Herz des Wattwanderfreundes begehrt: Man kann dort Watt-, Natur- und Gästeführungen buchen, Tickets abholen, die passenden Wattwanderschuhe kaufen und sich mit ganz viel Lektüre zum Thema versorgen. Was selbstverständlich klingt, ist tatsächlich eine kleine Revolution im Geschäft rund um das Naturerleben im Watt.

Denn ein solches Paket für den Ausflug ins Watt muss man sich anderswo einzeln zusammenstellen: das Angebot auskundschaften, die Wattführung telefonisch buchen, passendes Schuhwerk und Socken finden, sich eventuell Bücher über das Watt besorgen und so vorab informieren. Im Wattwanderzentrum von Harlesiel bekommt der Interessierte praktischerweise alles aus einer Hand.

Hintergrund Infos satt zum Wattenmeer: Im Wattwanderzentrum Ostfriesland gibt's die geballte Fachkompetenz des Gründers und viel Geschmackvolles zu kaufen. | **Hinweis** Nicht nur im Sommer, sondern auch zu anderen Jahreszeiten stehen jede Menge Wattwandertermine zur Auswahl (Tel. 0173/9978231, www.waddensea.travel).

107__Der Wattwurm

Oben nur leere Kringel, gewohnt wird in der Röhre

Den Wattwürmern begegnet man bei einer Wanderung sozusagen auf Schritt und Tritt: Das Watt ist förmlich übersät von kleinen Haufen mit Sandkringeln. Eine regelrechte Buckelpiste überzieht bei Niedrigwasser an manchen Stellen bis zum Horizont die Oberfläche. Jeder einzelne Haufen gehört zu einem rotbraunen Wattwurm *(Arenicola marina)*, der eine stattliche Länge von 20 bis 30 Zentimetern erreichen und vorne auch mal fingerdick sein kann.

Das Gebilde aus Sand kann man aber ganz unbesorgt beim Wattwandern zertreten: Es ist leer. Der Wattwurm befindet sich nicht in dem Sandkringel, sondern etwa 25 Zentimeter unter der Wattoberfläche in der Mitte einer u-förmigen Röhre. Am einen Ende der Röhre ist ein Trichter, durch den der Sand zum Wurm hinabrutscht. Der frisst den Sand und verwertet die organischen Reste. Um die unverdaulichen Sandkörner loszuwerden, kriecht er jede Dreiviertelstunde rückwärts durch das Hinterende der Röhre nach oben und quetscht blitzschnell seine Kotschnur heraus. Das sind die gefährlichsten Momente im Leben eines Wattwurms, die ihm oft sein Hinterteil und manchmal das Leben kosten, wenn seine Fressfeinde in der Nähe sind. Für Möwen und andere Zugvögel sind Wattwürmer eine Delikatesse, sie warten nur darauf, dass sie ihnen die Popos entgegenstrecken. Rund 40 Wattwürmer pro Quadratmeter befinden sich im Schnitt im Wattboden. Da braucht man nur ein wenig Geduld …

Der Wattwurm, auch Pierwurm oder Prielwurm genannt, ist nach zwei Jahren geschlechtsreif. Er bekommt seine Frühlingsgefühle im Oktober: Millionen von Wattwürmern geben fast gleichzeitig zur Nipptide, wenn das Wasser ruhiger ist, ihr Sperma ins Wasser ab. Erreicht dieses die Wohnröhre eines Weibchens, entlässt auch sie ihre Eier zur Befruchtung ins Wasser. Diese bleiben so lange bei ihr in der Röhre, bis die Larven geschlüpft sind und ins freie Wasser schwimmen.

Hintergrund Die Wattwürmer der Nordsee graben einmal im Jahr den gesamten Sand des Watts bis zu 20 Zentimeter tief um. Ein einzelner Wattwurm filtert 25 Kilogramm Sand jährlich. | **Info** Wattwürmer sind an ihrem Trichter und den Sandkringeln zu erkennen, Bäumchenröhrenwürmer dagegen strecken ihre zotteligen kleinen Wedel, einer Baumkrone gleich, aus dem Boden.

108__Die Wellhornschnecke

Eine Schönheit – fast ausgestorben an der Nordsee

Sie ist einfach die Größte! Mit ihrem Schneckenhaus in Form einer nach rechts gewundenen Spirale sieht sie phantastisch aus, und mit einer Höhe von bis zu 14 Zentimetern ist die Wellhornschnecke *(Buccinum undatum)* die größte Schneckenart, die man im Wattenmeer antreffen kann. Allerdings gilt das überwiegend in Schleswig-Holstein und Dänemark, denn in der südlichen Nordsee ist die Art derzeit praktisch ausgestorben. Dort konnte man noch bis in die 1970er Jahre die wunderbaren cremeweißen Gehäuse der Wellhornschnecken überall am Strand sammeln. Dann führte Tributylzinn (TBT), ein Gift aus Bootsanstrichen, entlang der Hauptschifffahrtsrouten zur Unfruchtbarkeit bei weiblichen Wellhornschnecken und anderen Weichtieren. Die Ursache für das traurige Verschwinden ist allerdings behoben, TBT wurde 2003 verboten. Nun besteht die leise Hoffnung, dass die Wellhornschnecke die südliche Nordsee wieder besiedelt.

Wellhornschnecken sind fleischfressende Weichtiere, die nach Würmern, Krebsen und Muscheln suchen. Aas mögen sie auch. Mit ihrem exzellenten Geruchssinn können sie dieses schon von Weitem riechen. Die Wellhornschnecke trägt an der Spitze eines vorstreckbaren Rüssels die für Schnecken typische Raspelzunge, von der sie beim Fressen Gebrauch macht, wenn sie etwa eine drei Zentimeter große Herzmuschel in 15 Minuten verputzt.

Im Winter legt die Wellhornschnecke Pakete aus rund 2.000 pergamentartigen Eikapseln, jede gefüllt mit etwa 200 winzigen Eiern. Darunter sind aber nur ein bis zwei Prozent entwicklungsfähige Embryonen. Die übrigen Eier dienen den winzigen Jungschnecken als erste Nahrung. Die leeren Eiballen wurden früher als Schwämme oder als Seifenkugeln zum Händewaschen genutzt. In manchen Ländern wie etwa Frankreich, Belgien oder den Niederlanden gelten die weißen Tiere mit den schwarzen Tupfen bis heute als Delikatesse und werden gezielt gefischt und verspeist.

Hintergrund Heute eine Rarität am ostfriesischen Wattenmeer: Ein ganzes Glas voll selbst gesammelter Wellhornschnecken, gefunden auf Langeoog vor vielen Jahrzehnten. | **Tipp** Wellhornschnecken kann man im deutschen Wattenmeer noch am besten am Strand von Amrum finden – sonst bei unseren dänischen Nachbarn.

109_Die Wellness-Kur

So nahe am gesunden Watt: Thalasso ist hier überall

Die Nordseeküste ist ein einziges Thalasso-Paradies. Die Therapie, die aus dem Meer kommt, ist das zentrale touristische Angebot des Nordens rund um Wellness und Gesundheit. Sie ist im Wesentlichen eine Klimatherapie an der See, getreu dem uralten Motto unserer Vorväter, dass Seeluft gesund macht. Ein Effekt, der heute vielfach untersucht und wissenschaftlich bestätigt ist.

Wegen der hervorragenden Luftqualität mit ungewöhnlich geringen Schadstoffkonzentrationen stellt das Meeresklima eine Entlastung für die Atemorgane dar, aber auch für die Haut. Die Aerosole wirken wie ein Freiluft-Inhalatorium, helfen bei chronischen Atemwegserkrankungen, auch Hauterkrankungen wie Neurodermitis werden gelindert. Spaziergänge, Luft- und Meerbäder wirken gesundheitsfördernd auf Körper, Geist und Seele.

Thalasso ist eine ganzheitliche Therapiemethode. Neben den Klimareizen, denen man am Wattenmeer direkt ausgesetzt ist, gehören auch Behandlungen mit frischem Meerwasser, Meersalz, Schlick, Algen oder Sand dazu. Insbesondere dem Schlick, in dem viel organisches Material steckt, zerriebene Algen, Muscheln und Krebse, werden besondere Kräfte zugesprochen: Er ist reich an den Mineralien Kalzium, Kalium, Eisen und Magnesium, die die Durchblutung fördern und entzündungshemmend wirken. Schlick hat zudem die Eigenschaft, Wärme lange zu speichern und nur langsam abzugeben. So erreicht eine Schlickpackung auch tief liegendes Gewebe, was bei rheumatischen oder arthritischen Erkrankungen wohltuend wirkt.

Als erste Einrichtung an der Nordseeküste wurde das Neuharlingersieler »BadeWerk 2015« vom »Europäischen Prüfinstitut Wellness und Spa« als Thalasso-Nordseeheilbad zertifiziert. Es ist auch das einzige, das für seine Anwendungen den Naturschlick selbst aus dem Wattenmeer ausgräbt und diesen mit gereinigtem Nordseewasser zu Packungsbrei oder Badeschlamm verarbeitet.

Hintergrund Eine Schlickpackung direkt aus dem Watt regt das Immunsystem und den Stoffwechsel an und steht einem im Prinzip überall zum Selbstversuch zur Verfügung. | **Hinweis** Richtig stilecht gibt es die Naturkosmetik bei den Profis vom »BadeWerk« in Neuharlingersiel (Tel. 04974/18860, www.badewerk.de).

110 Die »Zugvogeltage«

Das große Fest im Herbst: die »Nomaden der Lüfte«

Wer fasziniert ist vom weltweiten Vogelzug mit seinen riesigen Schwärmen von Millionen von Zugvögeln, die von einer inneren Uhr gesteuert Jahr für Jahr halt am Wattenmeer machen, der darf eine Veranstaltung auf keinen Fall verpassen: die »Zugvogeltage« im Nationalpark Niedersächsisches Wattenmeer. Eine ganze Region ist meist Anfang Oktober für komplette zehn Tage im Zugvogelfieber – von Ostfriesland rund um den Jadebusen bis ganz hinauf nach Cuxhaven. Auch auf den sieben Ostfriesischen Inseln findet jede Menge statt. Sie alle tragen zu einem gewaltigen Programm mit mehr als 250 Veranstaltungen bei.

2009 ging es ganz klein los, mittlerweile zählt Nationalparkleiter Peter Südbeck auf seinem Event fast 10.000 Besucher von nah und fern. Die genießen die vielen Möglichkeiten, Zugvögel in freier Wildbahn zu beobachten und mehr über sie zu erfahren. Unter fachkundiger Anleitung kann man hier einmal selbst durch leistungsstarke Spektive blicken und sogar Seeadlern beim Jagen zuschauen.

Von der »Wissenschaftlichen Arbeitsgemeinschaft für Natur- und Umweltschutz« werden spezielle ornithologische Schiffstouren angeboten. Mit Hilfe des geschulten Auges der Vogelkundler kann man dabei viel entdecken: Da kreuzen Lach-, Silber- und Mantelmöwen den Weg, auch Schwärme von Eiderenten heben ab zum Flug über das Wasser. Man kann Kormorane oder sogar die seltene Kornweihe sehen, auch ganze Trupps von Steinwälzern.

Die »Zugvogeltage« sind ein Treffpunkt für viele: ob Wissenschaftler oder Hobby-Ornithologen, Nationalpark-Ranger, Naturschutzvereine, Vogelmaler, Naturbuchverlage oder Hersteller von Präzisionsoptik. Zusammen kommt man in der Regel am Ende auf dem großen »Zugvogelfest« in Horumersiel. Hier werden auch diejenigen Orte und Inseln prämiert, die während des Veranstaltungszeitraums die meisten Vogelarten gesichtet haben: die Sieger des jährlichen »Aviathlons«.

Hintergrund Mit dabei ist auch das »Institut für Vogelforschung« (IfV), bekannter noch unter dem Gründungsnamen »Vogelwarte Helgoland« von 1910. Es hat seinen Sitz in Wilhelmshaven und ist die Beringungszentrale für den gesamten nordwestdeutschen Raum. | **Info** Das Programm der Zugvogeltage stellen die Veranstalter auf www.zugvogeltage.de online.

111_ Zum Leuchtturm Arngast

Wattmarathon über ein untergegangenes Reich

Diese Wattwanderung sollte man vielleicht nicht unternehmen, wenn man noch keinerlei Erfahrung hat. Sie gehört zu den anstrengendsten Touren, die man im norddeutschen Watt machen kann, dafür ist sie aber auch eine der schönsten und interessantesten. Allein schon das Ziel ist verlockend: Es geht zum Leuchtturm von Arngast, dem weithin sichtbaren Wahrzeichen mitten im Jadebusen. Dazu schreitet man über versunkenes Land, über alte Siedlungsreste einer untergegangenen Insel.

Was das Unterfangen so anspruchsvoll macht, ist die Beschaffenheit des Watts. Denn es geht kilometerlang durch knietiefen Schlick. Das kostet Kraft. Und auch Kondition ist bei dieser Wanderung gefragt. Gestartet wird in Dangast mit einem etwa eineinhalbstündigen Spaziergang über den Deich und durch die Salzwiesen zum Einstieg ins Watt. Für den erfahrenen Nationalpark-Guide und zertifizierten Wattführer Gerke Enno Ennen die Gelegenheit, seine Gruppe kennenzulernen und auch ein wenig zu warnen vor der Herausforderung, die viele unterschätzen.

Spätestens nach den ersten Metern, wenn jeder Schritt zu einer einzigen Kraftprobe wird, stellt sich heraus, wer die Strecke körperlich und gesundheitlich schaffen wird. Wer schon bei den ersten 100 Metern Schwierigkeiten hat, der tritt dann auch dankend vorzeitig den Rückweg an. Für alle anderen geht das Abenteuer Watt weiter. Den eigenen Rhythmus zu finden, das ist dabei wichtig. Tiefe Fußstapfen ziehen sich in langen Bahnen durch den Schlick. Endlich führt der Weg über ein wenig festeres Gelände. Wer Glück hat, entdeckt sogar Backsteinbrocken der untergegangenen Insel Arngast im Watt, marschiert entlang von Resten uralter Baumwurzeln.

Nach drei bis vier Stunden ist es so weit, die Sandbank mit dem 36 Meter hohen Leuchtturm ist erreicht. Zurück geht es meistens mit dem Schiff, der »Etta von Dangast«. Aber manchmal auch zu Fuß …

Hintergrund Der Leuchtturm Arngast steht nicht auf der untergegangenen Insel gleichen Namens, sondern nur auf demselben Wattrücken. Man passiert sie aber auf dem Weg. | **Tipp** Die anspruchsvolle Tour wird von den zertifizierten Wattführern Gerke Enno Ennen (www.wattlopen.de) und Jürgen Wackwitz (www.watt-witz.de) angeboten.

Von den vielen Menschen, die mich bei der Recherche zu diesem auch geografisch weitgespannten Buch unterstützt haben, möchte ich zweien hier besonderen Raum geben. Zum einen gilt mein großer Dank Rainer Borcherding von der Schutzstation Wattenmeer in Schleswig-Holstein, der nicht nur sein Expertenwissen zu Seepferdchen geteilt hat, sondern der Mastermind hinter vielen Seiten ist, bei denen ein Tier im Wasser lebt oder in der Luft fliegt.

Der zweite Mensch, ohne den dieses Buch wohl nicht in der vorliegenden Form entstanden wäre, ist Joke Pouliart vom »Wattwanderzentrum Ostfriesland« und von »waddensea.travel« in Harlesiel. An ihn übergebe ich für die letzten Zeilen, das Schlusswort spricht er:

»Es würde mich freuen, wenn dieses Buch Ihnen Reiselust zu einer der ursprünglichsten Landschaften unserer Erde verschafft hat oder, falls Sie das Wattenmeer schon kennen, Ihnen neues Wissen, Erkenntnisse und Informationen gegeben hat. Die Nordsee war schon immer eine Reise wert. Viele Millionen Menschen verbrachten und verbringen ihren Urlaub und ihre Freizeit hier. Wie andernorts kann ein zunehmender Massentourismus jedoch auch für die Vielfalt und Lebendigkeit der Destination Wattenmeer zu einer Belastung werden, für die Bewohner und vor allem für die einzigartige Natur.

Seit der Auszeichnung als UNESCO-Weltnaturerbe rücken Watterlebnisse neben Nordseewellen bei Urlaubern noch verstärkter in den Fokus. Der Titel fördert die Region, kann aber auch Begehrlichkeiten bei Investoren erzeugen. Die UNESCO forderte daher von den Anrainerstaaten Niederlande, Deutschland und Dänemark schon mit der Ernennung im Jahr 2009 einen Plan für den zukünftigen Umgang mit Tourismus. Der trilaterale Strategieplan für einen nachhaltigen Tourismus wurde vereinbart und kurze Zeit später bereits auch Grundlage für mein persönliches Wirken und Handeln.

Die Herausforderung besteht stets darin, qualitativ hochwertige Urlaubserlebnisse mit dem Lebensraum der Menschen vor Ort in Einklang zu bringen und einen Mehrwert für die Natur zu schaffen.

Es geht auch um den Erhalt einer jahrhundertealten Kulturland-schaft am Wattenmeer, ihrer Traditionen und Authentizität.

Schon in den 1960er Jahren bemühten sich Menschen und Akti-visten um den Erhalt des Wattenmeeres. Sie waren die eigentlichen Visionäre im Kampf gegen weitere Landgewinnung: zum Schutz dieser Landschaft und besonders der Zugvögel. Diesen Erfolg zu sehen und davon zu erzählen, das ist mein Antrieb.

Das Welterbe für folgende Generationen zu bewahren, ist eine große Aufgabe für uns alle. Nicht nur das Wattenmeer, sondern die gesamte einzigartige Erde ist schützenswert. Bei unseren Führun-gen und Reisen verdeutlichen wir am Beispiel des Wattenmeeres exemplarisch die Auswirkungen menschlichen Handels auf einen Naturraum. Die Bedeutung des Erhalts von Artenvielfalt und Klima-schutz zu vermitteln, das ist der Kern nachhaltiger Reise-, Erlebnis- und Bildungsangebote. Den Feriengast dafür zu sensibilisieren und gleichzeitig Wattenmeer und Wattenland mit allen Sinnen erleben zu lassen, ist unser tägliches Ziel.

Das Wattenmeer ist das weltweit größte sich selbst überlassene und weitestgehend durch den Menschen unbeeinflusste Wattsystem. Wir können durch unser Handeln helfen, Dynamik und Biodiver-sität zu bewahren, damit unsere Kinder und weitere Generationen diese Einzigartigkeit ebenso erleben können wie wir jetzt.

Unser Fußabdruck ist bei einer Wattwanderung nach einer Tide nicht mehr sichtbar. Es gilt, auch unsere anderen Fußabdrücke so klein wie möglich zu halten. Den Anfang macht ein bewusster Umgang mit der Natur, auch die Unterstützung regionaler Anbieter und einer ökologischen Landwirtschaft beispielsweise von zertifi-zierten Partnern des Nationalparks. Viele kleine Schritte im Alltag können schon Großes bewirken.

Ich wünsche Ihnen viel Freude bei 111 Entdeckungen hautnah im ›UNESCO-Weltnaturerbe und Biosphärenreservat Nationalpark Wattenmeer‹. Vielleicht kreuzen sich unsere Wege bei dem einen oder anderen Erlebnis.«

Joke Pouliart

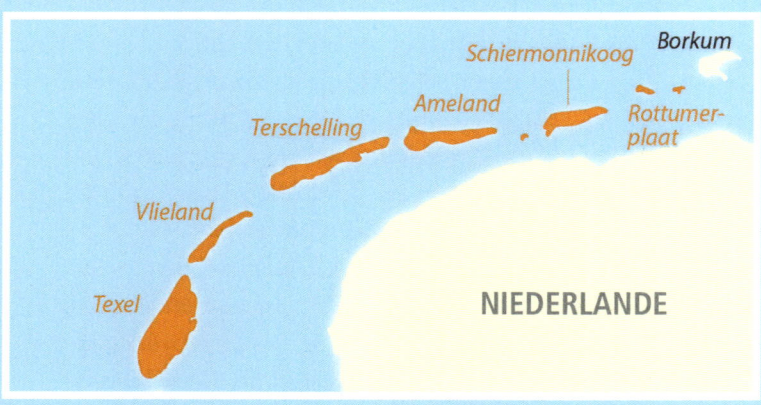

1

Borkum

Schiermonnikoog

Ameland

Terschelling

Rottumer-
plaat

Vlieland

NIEDERLANDE

Texel

DÄNEMARK

Fanö

Mandø

Rømø

Sylt

Helgoland

Nordsee

Spiekeroog

Wangerooge

Langeoog

Norderney

Minsener
Oog

Juist

Baltrum

Mellum

Neßmersiel

Harlesiel

Borkum

Memmert

◎ Norden

NIEDERSACHSEN

Wilhelmshaven

Ems

↘ Emden

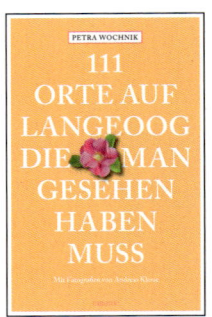

Petra Wochnik, Andreas Klesse
**111 Orte auf Langeoog, die
man gesehen haben muss**
ISBN 978-3-7408-0839-6

Sina Beerwald
**111 Orte auf Föhr, die man
gesehen haben muss**
ISBN 978-3-7408-1068-9

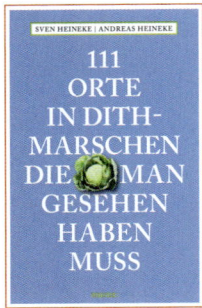

Sven Heineke, Andreas Heineke
**111 Orte in Dithmarschen, die
man gesehen haben muss**
ISBN 978-3-7408-0854-9

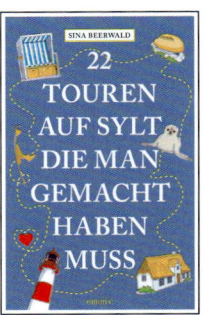

Sina Beerwald
**22 Touren auf Sylt, die
man gemacht haben muss**
ISBN 978-3-7408-0734-4

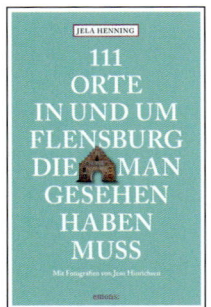

Jela Henning, Jens Hinrichsen
**111 Orte in und um Flensburg,
die man gesehen haben muss**
ISBN 978-3-7408-0241-7

Jochen Reiss
**111 Orte in Kiel, die man
gesehen haben muss**
ISBN 978-3-95451-705-3

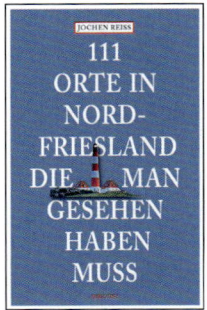

Jochen Reiss
**111 Orte in Nordfriesland, die
man gesehen haben muss**
ISBN 978-3-95451-627-8

Vito von Eichborn
**111 Orte zwischen Lübeck
und Kiel, die man gesehen
haben muss**
ISBN 978-3-95451-339-0

Jana Jürß
**111 Orte an der Mecklen-
burgischen Seenplatte, die
man gesehen haben muss**
ISBN 978-3-95451-536-3

Alexandra Schlennstedt,
Jobst Schlennstedt
**111 Orte in Lübeck, die
man gesehen haben muss**
ISBN 978-3-95451-564-6

Sina Beerwald
**111 Orte auf Sylt, die man
gesehen haben muss**
ISBN 978-3-95451-511-0

Alexandra Schlennstedt,
Jobst Schlennstedt
**111 Orte an der Ostseeküste,
die man gesehen haben muss**
ISBN 978-3-7408-1096-2

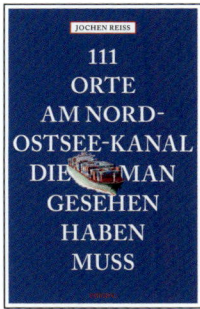

Jochen Reiss
**111 Orte am Nord-Ostsee-
Kanal, die man gesehen
haben muss**
ISBN 978-3-7408-0133-5

Annett Rensing
**111 Hamburger Meisterwerke,
die man gesehen haben muss**
ISBN 978-3-7408-0987-4

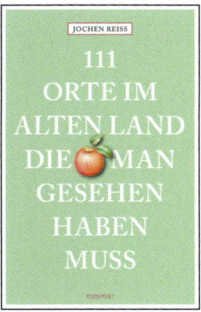

Jochen Reiss
**111 Orte im Alten Land, die
man gesehen haben muss**
ISBN 978-3-7408-0810-5

Stefanie Sohr, Volko Lienhardt
**111 Orte auf St. Pauli, die
man gesehen haben muss**
ISBN 978-3-7408-0685-9

Jochen Reiss
**111 Orte rund um Hamburg,
die man gesehen haben muss**
ISBN 978-3-7408-0564-7

Rike Wolf
**111 Orte in Hamburg, die
uns Geschichte erzählen**
ISBN 978-3-95451-418-2

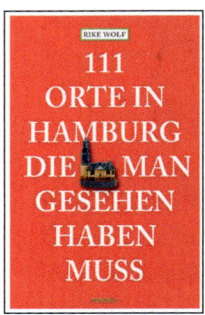

Rike Wolf
**111 Orte in Hamburg, die
man gesehen haben muss**
ISBN 978-3-7408-0775-7

Britt Nørbak
**111 Orte in Westjütland, die
man gesehen haben muss**
ISBN 978-3-7408-0588-3

Jan Gralle, Vibe Skytte,
Kurt Rodahl Hoppe
**111 Orte in Kopenhagen, die
man gesehen haben muss**
ISBN 978-3-7408-0243-1

Bernd F. Gruschwitz
**111 Orte in Bremen, die
man gesehen haben muss**
ISBN 978-3-95451-210-2

Bernd Flessner
**111 Orte auf Juist, die
man gesehen haben muss**
ISBN 978-3-7408-0548-7

Manfred Reuter, Lena Reuter
**111 Orte auf Norderney, die
man gesehen haben muss**
ISBN 978-3-7408-0130-4

Ingo Stock
**111 Orte auf Spiekeroog, die
man gesehen haben muss**
ISBN 978-3-7408-0339-1

Norbert Ney, Sonja Bergot
**111 Orte in Ostfriesland, die
man gesehen haben muss**
ISBN 978-3-95451-828-9

Jacek Auerbach
**111 Orte in Oldenburg, die
man gesehen haben muss**
ISBN 978-3-7408-0249-3

Dorothee Fleischmann,
Carolina Kalvelage
**111 Orte im Weserbergland,
die man gesehen haben muss**
ISBN 978-3-7408-0341-4

Christine Izeki, Gerald Roemer
**111 Orte im Wendland, die
man gesehen haben muss**
ISBN 978-3-7408-1042-9

Alexandra Schlennstedt,
Jobst Schlennstedt
**111 Orte in der Lüneburger
Heide, die man gesehen
haben muss**
ISBN 978-3-95451-844-9

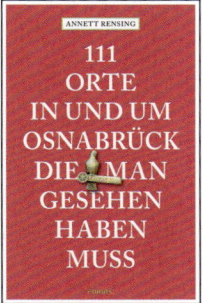

Annett Rensing
**111 Orte in Osnabrück, die
man gesehen haben muss**
ISBN 978-3-7408-1194-5

Cornelia Kuhnert, Günter Krüger
**111 Orte in Hannover, die
man gesehen haben muss**
ISBN 978-3-7408-1190-7

Cornelia Kuhnert, Günter Krüger
**111 Orte rund um Hannover,
die man gesehen haben muss**
ISBN 978-3-7408-1189-1

Lust auf mehr? Laden Sie sich
die »LChoice«-App runter, scannen
Sie den QR-Code und bestellen
Sie weitere Bücher direkt in Ihrer
Buchhandlung.

Petra Wochnik ist der Kopf hinter dem Online-Magazin »Ostfriesland Reloaded« und Autorin vieler Artikel zur Region. Die Halbostfriesin liebt den wilden Westen im Norden: die Weite der Landschaft, den unendlichen Himmel und die Schönheit der Ostfriesischen Inseln. Nach ihrem Buch über Langeoog zieht es sie nun ins Wattenmeer.

Andreas Klesse, fotografiebegeistert seit seinem 14. Lebensjahr, kann sich inzwischen als anerkannten Fotograf bezeichnen. Bereits zweimal wurde er von renommierten Fotozeitschriften zum Fotografen des Monats gekürt. Andreas Klesse lebt im friesischen Jever.